U0139608

PaddlePaddle

与深度学习应用实战

程天恒　编著

电子工业出版社
Publishing House of Electronics Industry
北京·BEIJING

内 容 简 介

深度学习是目前人工智能研究中前沿、有效的一项技术，主要通过构建深度神经网络解决视觉、自然语言处理、语音识别等诸多领域的问题。百度在 2016 年发布了国内首个开源深度学习框架 PaddlePaddle，简化了深度学习算法的实现步骤，提供了灵活、易用的接口，同时支持分布式训练。

本书由简单的例子引入深度学习和 PaddlePaddle 框架，介绍了 PaddlePaddle 的安装、测试与基本使用，并结合 PaddlePaddle 接口介绍深度学习的基础知识，包括常用的神经网络和算法。最后，通过一系列深度学习项目实例介绍 PaddlePaddle 在各种场景和问题中的应用，让读者由浅至深地理解并运用深度学习解决实际问题。

未经许可，不得以任何方式复制或抄袭本书之部分或全部内容。

版权所有，侵权必究。

图书在版编目（CIP）数据

PaddlePaddle 与深度学习应用实战 / 程天恒编著. —北京：电子工业出版社，2018.7
ISBN 978-7-121-34247-9

Ⅰ. ①P… Ⅱ. ①程… Ⅲ. ①学习系统 Ⅳ.①TP273

中国版本图书馆 CIP 数据核字(2018)第 106118 号

责任编辑：安　娜
印　　刷：三河市双峰印刷装订有限公司
装　　订：三河市双峰印刷装订有限公司
出版发行：电子工业出版社
　　　　　北京市海淀区万寿路 173 信箱　邮编：100036
开　　本：787×980　1/16　印张：14.5　字数：276 千字
版　　次：2018 年 7 月第 1 版
印　　次：2018 年 7 月第 1 次印刷
定　　价：65.00 元

凡所购买电子工业出版社图书有缺损问题，请向购买书店调换。若书店售缺，请与本社发行部联系，联系及邮购电话：（010）88254888，88258888。
质量投诉请发邮件至 zlts@phei.com.cn，盗版侵权举报请发邮件至 dbqq@phei.com.cn。
本书咨询联系方式：010-51260888-819，faq@phei.com.cn。

前言

深度学习是当下十分火热的技术之一，在大数据和大规模高速并行计算的帮助下，深度神经网络在各大领域开始发挥出巨大威力。"刷脸"解锁、自动驾驶、机器翻译、图像识别，这些技术已经扎根于我们的生活之中。有人说"21 世纪是人工智能的世纪"，我很赞同这个观点，尤其近几年，出现了像 AlphaGo、Apollo 自动驾驶这样的技术浪潮。在学术界，机器学习相关会议和期刊投稿数逐年翻倍，越来越多的学者转向人工智能领域，或是研究机器学习最基本的理论；或是不断追求更好的方法和模型来解决计算机视觉、自然语言处理及数据挖掘；或是开始寻找新方向，走出一条"AI+"之路，将深度学习应用到更广阔的领域，如医疗、零售等。很多人认为这些都是科学理论，离我们还很遥远，其实不然，人工智能应用已经在不断靠近并改善我们的生活。

在这样一个浪潮趋势下，可能越来越多的人会投身于人工智能领域，但很多资料和文献门槛过高，丰富的数学理论知识，让很多人望而却步。因此，借着这个机会，我想通过这本书把我所学的分享给大家，让我们共同学习，共同创造，共同为人工智能的发展贡献一份力量。

本书内容

本书共 9 章，首先从基础知识入手，将 PaddlePaddle 框架的函数与深度学习知识相结合，带领读者灵活搭建神经网络，并选择合适的优化算法和激活函数，训练神经网络。

结合目前前沿的研究及样例代码，帮助读者加深对卷积神经网络和循环神经网络的理解。

接着用丰富的案例，如图像识别、图像描述及聊天机器人等，通过实例讲解如何将 PaddlePaddle 框架应用到实际应用中。

最后，介绍了对抗网络（GAN）及强化学习的基本思想和应用，通过解读对抗网络（GAN）的官方代码，帮助读者理解 GAN。

本书面向的读者

对深度学习感兴趣的初学者。对于初学者，本书将 PaddlePaddle 框架和深度学习的基本概念和基本原理相结合，在学习理论知识的同时掌握了一个高效的深度学习框架。

人工智能领域的研究者及从业者。对于从业者，本书更是一本工具书，读者可以通过阅读本书学习 PaddlePaddle 框架，利用丰富的实例和代码快速上手，并将 PaddlePaddle 框架运用到自己的工作和研究中。

致谢

感谢百度公司 PaddlePaddle 团队，开发出一款高效、易用、易学的深度学习框架 PaddlePaddle，并成为国内首个开源深度学习平台。

感谢百度公司 PaddlePaddle 开发者和开源社区的朋友，能够快速地回复我的每一个 GitHub Issue，并耐心指导我解决一些问题。

感谢本书所引用著作和论文的作者们，你们的学习成果为我打开了通往人工智能新世界的大门，通过学习你们在这些领域的知识，我对深度学习的理论知识及其应用都得到了提升和加强。

感谢本书的每一位读者，你们的存在是对我最大的支持和鼓励。当然，如果在阅读过程中发现了一些错误或者疑问，十分欢迎与您交流沟通，我的邮箱是 paddle_readers@126.com。由于本人能力有限，因此书中可能存在一些不恰当的表述或者遗漏，还请多多包涵。

程天恒

读者服务

轻松注册成为博文视点社区用户（www.broadview.com.cn），扫码直达本书页面。

◎ **提交勘误**：您对书中内容的修改意见可在 **提交勘误** 处提交，若被采纳，将获赠博文视点社区积分（在您购买电子书时，积分可用来抵扣相应金额）。

◎ **交流互动**：在页面下方 **读者评论** 处留下您的疑问或观点，与我们和其他读者一同学习交流。

页面入口：http://www.broadview.com.cn/34247

目录

## 第 1 章

深度学习简介

1.1 初见

2016 年 4 月，AlphaGo 与韩国顶尖棋手李世乭对战，最终 AlphaGo 以 4 胜 1 平战胜了人类，人工智能也因此成为科技界乃至整个社会的热点话题。2017 年，CMU 大学开发的"冷扑大师"——Libratus 无限德州扑克人工智能系统又一次颠覆了 AI 在人们心中的地位。究竟是什么支撑了人工智能，使其有如此高的智商与巨大的威力？

"人工智能"可分为"人工"和"智能"两部分，由人工构建智能化系统，使其具有人类一样的智能性，如思考与学习能力等。这一概念早在计算机还未普及的时代就已由大师图灵提出，后来诞生了一系列科幻小说等。现在，这一研究发展迅猛，在很多领域已开始普及应用。

说起当下的人工智能，就不得不提它背后的算法支持，即深度学习，以及深度学习的基础——机器学习。

1.2 机器学习

不知不觉，机器学习早已进入我们生活的各个角落。举个生活中的例子，我们每个月总会收到几封广告之类的垃圾邮件，有些人甚至每天都会收到垃圾邮件，但我们使用的邮箱服务网站一般都会帮我们将垃圾邮件筛选出来。因此，你可能会问，是不是有客服之类的人在后台帮我们监视？其实并不是，没有这么多的人力资源来完成这件事。垃圾邮件处理是计算机程序帮我们完成的。它们的工作就是收到一封邮件后，查看邮件内容，然后判断是否为垃圾邮件。这和机器学习又有什么关系呢？这就关系到我们如何获得这个分类程序了。要想得到这个垃圾邮件分类程序，就需要一些邮件数据（既含有垃圾邮件，又含有普通邮件）以及邮件的标记（标记对应邮件是否为垃圾邮件），有了这些数据后，我们就可以通过算法来构建一个模型。例如，我们可以用获得的数据画一条线性回归曲线，有了新邮件之后，便可以通过这条曲线判断是否为垃圾邮件，我们的模型通过"吃掉"数据来学习判断垃圾邮件，这就是机器学习。

综合来看，机器学习就是通过数据提取特征，然后结合学习算法来构建一个模型，这个模型就是用来分类垃圾邮件的引擎，如图1.1所示。

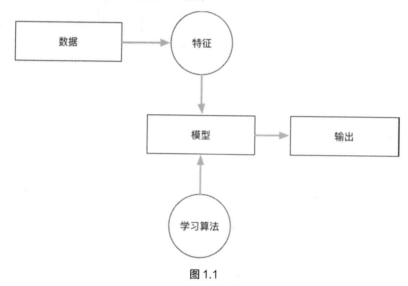

图 1.1

机器学习是一个庞大的体系，其中囊括了众多学习算法，如贝叶斯分类、决策树、支持向量机等，此外，机器学习与数学联系紧密，尤其是概率论和统计学。

分类与回归。 在生活中，很多问题可以看作分类（Classficiation）问题或者回归（Regression）问题，我们的大脑也无时无刻不在处理这些问题。例如，看书时，我们需要知道这是一本什么书，是小说还是工具书。去动物园游玩时，我们每看到一种动物都会利用所看见的内容，对眼前的动物进行分类。一般对于离散的问题，可以采取分类的方法，而连续的问题，更多的是使用回归，如股票预测、温度预测等。

监督学习和无监督学习。 机器学习在训练中可以分为监督学习（Supervised Learning）和无监督学习（Unsupervised Learning）两种。监督学习是指训练模型时，我们除了提供输入数据（X），还需要提供一个标准结果（Label），模型通过读取输入数据 X 进行预测得到一个预测结果 Y，然后对比 Label 和 Y 的差异，优化模型参数。监督学习可以想象为我们给机器提供一张图像，然后告诉它图像里有什么物体，机器就利用这种方式学习识别图像，随着样本数量增多，训练迭代次数增长到一定数量之后，机器便能自主地识别物体，而不再需要标签。在机器学习中，支持向量机、贝叶斯等算法都是基于监督学习的。而无监督学习与监督学习的最大区别是，无监督学习不存在标签（Label），全靠输入去寻找特征，然后归类。聚类算法就是一种无监督学习，即利用数据本身的特征进行归类，将相似的数据归为一类，将差别较大的数据分开。当然，机器学习中的无监督学习不只有聚类算法，还有很多其他的算法，在此就不一一介绍了。

1.3　神经网络

神经网络（Neural Network）是机器学习的一个分支，起源于人们对生物体神经网络的认知。生物神经网络由神经元、突触等结构组成，大量的神经元通过无数的突触连接可以构成一个大规模神经网络，能够处理人的思维和记忆，如图 1.2 所示。

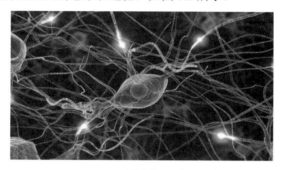

图 1.2

人们通过模仿生物神经网络的工作原理构建了人工神经网络（Artificial Neural Network）。与生物神经网络相同，人工神经网络中也是先建立一些神经元模型，早期人们称之为感知机（Perception），然后将所有的神经元模型连接起来，形成网络。

人脑神经元结构如图 1.3 所示。

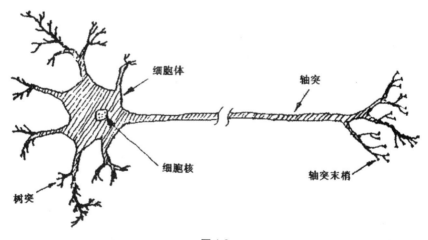

图 1.3

人工神经元结构如图 1.4 所示。

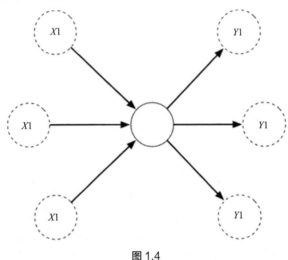

图 1.4

人工神经元获取其他神经元提供的输入，对其加权求和，然后利用特定的激活函数去处理求和结果以得到输出，然后将输出传递给下一层神经元。

一个神经元的作用只是一个简单线性函数，而我们的神经网络就是将多个神经元组合起来形成一层网络。单层神经网络支持高维度的输入和输出，同时也可以添加非线性函数来激活。

在深入学习神经网络之前，让我们先来了解单个神经元的工作原理。

设定输入为 $[x1, x2, x3, x4]$，其对应的权重为 $[w1, w2, w3, w4]$，如图 1.5 所示。

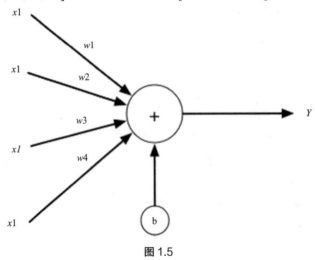

图 1.5

加权和：

$$S = x_1\omega_1 + x_2\omega_2 + x_3\omega_3 + x_4\omega_4$$

然后经过线性或者非线性函数进行激活：

$$Y = f(S+b)$$

b 为偏置变量。

当 $[w1,w2,w3,w4]$ 为向量时，我们得到的输出是一个向量而不是单个值。

我们可以将多个神经元组成一层神经元层（Layer），如图 1.6 所示。

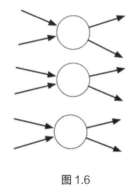

图 1.6

如果这样的神经元层有多层，并且每层之间相互连接，那么便可以构造出一个神经网络，如图 1.7 所示。

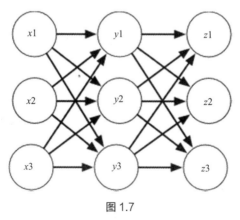

图 1.7

图 1.7 就是简单的多层神经网络（也称为多层感知机），即一个网络中包含多层感知机（神经元）。

单层感知机模型其实早在几十年前就已经问世了，当时人们利用这种模型来解决简单的线性分类问题，但当时人们对感知机的认识还仅局限在单层感知机，多层感知机计算过于复杂。使用感知机解决异或问题（XOR）时，分类出现了问题，单层感知机模型根本无法解决这个问题，于是神经网络的发展就在那个时代停滞不前，神经网络与人工智能的研究开始进入了寒冬期。

直到 1986 年，Geoffery Hinton 等人提出了反向传播算法（Backpropagation），解决了多层感知机的优化问题，同时也使得多层感知机能够自我训练。有了多层感知机，异或等线性不可分问题便迎刃而解。

直到今天，神经网络依然依赖于反向传播进行训练，只是网络结构和模型越来越复杂。

简单的神经网络有一层输入层、一层隐藏层（Hidden Layer）和一层输出层，如图 1.8 所示。

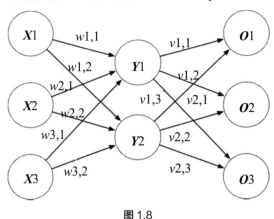

图 1.8

其中 $\boldsymbol{X}$ 为输入值向量，$\boldsymbol{Y}$ 为中间隐层向量，$\boldsymbol{O}$ 为输出层向量，我们可以按照单个神经元的计算方式来计算每一步的输出：

$$\boldsymbol{Y_1} = f(x_1\omega_{11} + x_2\omega_{21} + x_3\omega_{31} + b_1)$$
$$\boldsymbol{Y_2} = f(x_1\omega_{12} + x_2\omega_{22} + x_3\omega_{32} + b_2)$$

输出层 $\boldsymbol{O}$ 的结果：

$$\boldsymbol{O_1} = \sigma(\boldsymbol{Y_1}v_{11} + \boldsymbol{Y_2}v_{21} + b_1)$$
$$\boldsymbol{O_2} = \sigma(\boldsymbol{Y_1}v_{12} + \boldsymbol{Y_2}v_{22} + b_2)$$
$$\boldsymbol{O_3} = \sigma(\boldsymbol{Y_1}v_{13} + \boldsymbol{Y_2}v_{23} + b_3)$$

多层神经网络足以拟合任何函数，我们可以通过增加深度和宽度来提高模型的健壮性和预测的准确率。

深度学习和神经网络又有什么关系呢？

1.4　深度学习介绍

前面介绍了机器学习和简单的神经网络，以及机器学习的原理。深度学习是在机器学习之上发展而来的。最初，我们使用简单的感知机来完成非线性分类问题，之后，出现了非线性激活函数，感知机层数也逐渐增加，人工神经网络（Artificial Neural Network）便被创造出来了。深度学习就是利用深层神经网络去学习，完成类似于分类这样的任务。早期，我们通常使用多层神经网络来构建模型，后来又诞生了卷积神经网络（Convolutional Neural Networks）、循环神经网络（Recurrent Neural Networks）等模型，让整个深度学习体系变得更加完整。

传统的机器学习算法对原始数据处理能力不强，无法获得内部深层次的特征，在数十年的研究中，人们一直在寻找一些方法对数据进行处理，将其内部信息以一种方式表现出来，例如，一些矩阵或者向量，通过一些变换，用复杂的非线性函数实现图像的分类和识别等。

深度学习是建立在人工神经网络之上的，对于一般的应用，我们会采用监督学习的方式来训练我们的模型。例如，我们常常说的图像分类任务，就是将相机拍出的照片转化为图像矩阵，通过我们预先构建的神经网络模型来进行分类。在没有预先训练的情况下，模型很难预测输入的图像属于哪个类别，在监督学习中，我们会在输入数据的同时告诉它这是哪一个类别，当它得到自己的预测之后，与我们提供的标准类别进行对比，然后去调整模型的一些参数与设置，这个对比就实现了一种监督的机制。在监督学习中，我们会去关注模型预测的损失，也就是预测的结果和标准结果的差距。

深度学习的基础是神经网络，最简单的模型就是含有输入输出层以及一个中间的隐藏层（Hidden Layer），这些都可以用简单的感知机来实现。对于复杂的网络，可能还会有很多卷积神经网络（Convolutional Neural Networks）或者循环神经网络（Recurrent Neural Networks），此外还有各种各样的模型。尽管每一种网络结构都不一样，功能也大不相同，但其计算原理和训练方法都是相通的。

现在的深度学习依赖于三个步骤：前向传播（Forward）、损失计算（Loss）和反向传播（Backward）。

前向传播是输入的数据逐层通过模型，计算每一层的输出作为下一层的输入，直到最后一层输出结果。

损失计算利用预先提供的标签和网络的输出进行对比，结合我们定义的损失计算函数计算误差 loss。

完成损失计算后，就可以利用得到的误差和梯度下降算法（SGD）从网络的输出反向传递误差，并优化每一层的参数，直到输入层。这样一个过程就完成了一次模型训练。

从输入层输入数据，不断向前进行计算，直到输出层输出结果，然后计算损失，接着沿着反方向传递误差和梯度，进行参数修正。

深度学习核心算法就是反向传播算法和梯度下降算法，利用梯度下降算法可以优化我们的模型参数，梯度下降利用迭代的方式进行最优求解。而反向传播算法用于传递误差，将误差逐层向输入层传递，这样，每一层都可以使用梯度下降算法进行优化，最终，一次迭代，整个网络都会得到更新。

深度学习的大门正逐渐向我们敞开，研究论文层出不穷，尤其是图像、语音领域，基于深度学习的应用已经大规模出现在我们生活中了。在这个人工智能的时代，我们应当成为一名先驱者，引领人工智能的发展。

1.5　深度学习应用

1.5.1　图像识别与分类

深度学习的发展并不是一气呵成的，其间经历了很多转折和突破，其中，转折较大的一次就是 ImageNet 的出现。ImageNet 是由斯坦福大学人工智能科学家李飞飞等发起的一个大规模图像数据集项目，拥有目前世界上最大的图像识别数据库，如图 1.9 所示。

图 1.9

为什么说 ImageNet 的出现给深度学习领域带来了一次转折呢？对于深度学习任务来说，大量的数据集是一种必备条件，而当时的环境很难有足够的数据用来训练，ImageNet 项目提供了大量带有标注图像的数据，从 2010 年至 2017 年，每年都会举办图像识别评测比赛，在这一驱动下，很多实验室开始了图像分类的研究，不断有新的方法出现来刷新识别记录。卷积神经网络在这个阶段飞速发展，每年都会有新的各种各样的方法，网络模型越来越深，结构也越来越复杂。同时，ImageNet 除分类识别任务外，还包括检测和分割等评测比赛。

图像分类主要在于分析输入的图像，对图像中出现的物体进行分类或者识别。例如，大家所熟知的 MNIST 手写数字，识别任务就是给出图像中到底是什么数字。ImageNet 提供了大量的分类数据集，到目前为止，已有 14000000 多张图像，共标注了 20000 多个类别。

1.5.2　图像检测

图像检测（Object Detection）和图像分类识别任务不同，图像分类识别任务更倾向于知道图片里的东西是什么，而检测倾向于知道东西在哪里，确定物体的位置。

检测任务主要用来确定物体的位置，而位置信息一般利用一个 Bounding Box 来描述。Bounding Box 通常由四部分组成，即 x 坐标、y 坐标、宽度以及高度，有时还会加上旋转角度，如图 1.10 所示。

图 1.10

图像检测是计算机视觉的一个基础方向，在复杂场景下，识别任务也需要依赖于检测任务，先检测物体的位置和范围，然后在特定区域进行识别任务。现在，图像检测出现了 SSD、YOLO 和 Faster-RCNN 等出色的深度学习方法，同时，ImageNet 每年都会举办 Object Detection 比赛（已归入 Kaggle）。

1.5.3　图像分割

图像分割（Image Segmentation）可以将图像分割成多个版块。在传统的技术中，分割图像主要利用图像的边缘特征和阈值特征，而在深度学习的大势之下，图像分割开始有了突破性的发展。目前，深度学习主要运用在图像语义分割（Semantic Segmentation）中，即把图像分割成具有一定语义的块，如图 1.11 所示。

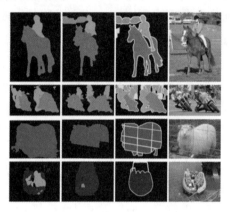

图 1.11

1.5.4 图像描述

图像描述（Image Caption）是通过深度学习的方法给输入的图像添加标题或者描述，如图 1.12 所示。

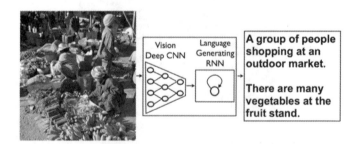

图 1.12

机器通过识别图像中的物体与场景，然后根据物体组织语言，最后形成一句描述："A group of people shopping at an outdoor market"。图像描述包含了图像识别、图像检测和自然语言处理等，属于深度学习中的综合性研究。

1.5.5 机器翻译

机器翻译（Machine Translation）一直是人们不断探索的问题，世界上语言种类繁多，很多时候交流需要翻译为了替代人工翻译，人们一直在研究如何使用机器来进行翻译，并且使得翻译出的结果尽可能地符合人类语言习惯。

　　早期，机器翻译还是基于词对齐的翻译方式，之后发展出了运用语法树。现在，原始的方法已被"统计"方法替代。在深度学习时代，机器翻译进化成为神经机器翻译（Neural Machine Learning），利用深度神经网络构建翻译模型，并使用大量的翻译样本进行训练。Google 神经机器翻译如图 1.13 所示。

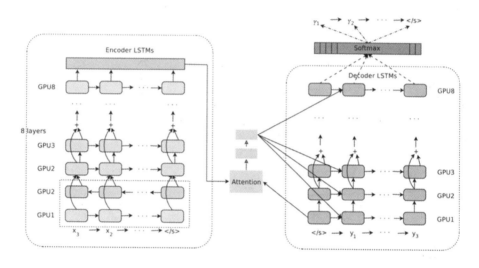

图 1.13

1.5.6　语音识别

　　同机器翻译一样，语音识别（Speech Recognition）很早以前就已经进入人们的视野。例如，使用语音去控制设备。但早期由于技术的限制，识别精度不高。如今，语音识别在深度学习领域蓬勃发展，并且在生活中无处不在，苹果公司在每一部 iPhone、iPad 上都配备了 Siri，Siri 通过语音识别技术实现语音控制，如图 1.14 所示。

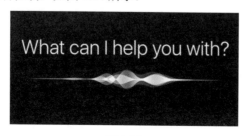

图 1.14

此外，Google 和 Amazon 结合语音识别推出的智能家居产品，可以利用语音实现对家电的控制。除了语音控制，语音识别也用于将语音转为文字，语音转文字大大降低了我们输入的压力。

早期，语音识别主要依靠概率模型高斯混合模型（GMM）和隐马尔科夫模型（HMM），其识别能力有一定的局限，深度学习的出现给语音识别带来了巨大的突破，利用神经网络可以捕获语音内部特征信息，然后对其进行分类输出，得到识别结果。

1.6　深度学习框架

1. PaddlePaddle

PaddlePaddle（PArallel Distributed Deep LEarning）由百度开发，是国内首款开源深度学习平台（http://www.paddlepaddle.org/），如图 1.15 所示。

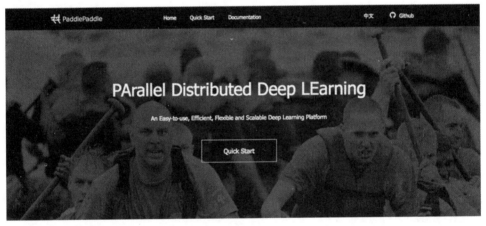

图 1.15

PaddlePaddle 接口设计简单、易用性强，正如其设计理念"Easy to Use"一样，在使用PaddlePaddle 设计神经网络时会感受到其 API 的精炼，不用太过关注底层细节，尤其是对于深度学习的初学者十分友好，若是一开始就出现一大堆参数和概念会极大地降低学习效率。

PaddlePaddle 在性能上表现优异，支持 GPU 计算，同时底层运算代码使用 C++和 CUDA实现，在计算效率上优于同类纯 Python 实现的框架。此外，PaddlePaddle 支持大规模分布式计算，对于大规模深度学习应用和海量数据支持性好。Parameter Server 提升了分布式计算的能力，同时支持模型并行和数据并行，对于大型分布式深度学习任务，PaddlePaddle 是一个很好的选择。

此外，PaddlePaddle 支持多样化平台部署，　PaddlePaddle 支持 Linux、MacOS 等操作系统，

同时 PaddlePaddle 还可以方便地部署到 Docker 上，简化了安装步骤。在应用方面，PaddlePaddle 与 Kubernetes 平台相结合，可以在大型集群或者分布式环境中训练深度学习任务。

无论是做研究还是做应用，PaddlePaddle 都是一个特别方便的框架。PaddlePaddle 将复杂的运算过程封装好，提供简单易用的 Python API，这样的设计可以让我们将重点落在算法设计上，而不是去构建运算和神经元层。

2. TensorFlow

TensorFlow 是由 Google 开发的人工智能框架，于 2015 年开源发布（https://www.tensorflow.org/），如图 1.16 所示。

图 1.16

TensorFlow 与其说是一个深度学习平台，不如说是一个人工智能框架，其运算操作可以自己去定义，可以用来实现一些机器学习和深度学习算法。TensorFlow 基于计算流图，其中操作符（Operator）作为图节点，而数据 Tensor 作为图边。TensorFlow 提供了完整的运算接口，但往往越完整越有可能使得框架变得复杂，相比于 PaddlePaddle，TensorFlow 上手稍难。TensorFlow 在 GPU 和 CPU 的使用上很灵活，同时适用于分布式系统。Google 在其分布式性能上做了大量优化，是一款值得推荐的优秀框架。

3. Torch

Torch 是一款基于 Lua 语言的学习框架（http://torch.ch/），如图 1.17 所示。

图 1.17

Torch 在深度学习研究界和一些大公司（如 Facebook）使用得比较广泛，算是一个比较经典且有些历史的深度学习框架。Torch 支持 GPU 和 CPU，在性能和易用程度上都具有很大的优势，运算底层是利用 C 语言和 CUDA 实现的。由于 Torch 依赖于 Lua 语言，而很多人更倾向于使用 Python 语言，因此 Facebook 再次发布了 Python 版的 Torch——PyTorch，延续了 Torch 的风格和一些设计。

4. Caffe

Caffe 是深度学习大咖贾扬清在加州大学伯克利分校攻读博士期间开发的一款深度学习框架，目前由 BAIR（Berkey AI Reseach）团队带领开发。

Caffe 框架在计算机视觉方向做得很出色，也是很多研究者的首选，同时支持 MATLAB、C++和 Python，构建网络与其他框架有所不同，Caffe 可以使用简单的语言进行配置，不需要添加过多的训练配置代码，非常便于研究者使用。

Caffe 在图像上有很大的优势，但在其他方面如自然语言处理，支持性就远不如图像了。此外，Caffe 没有很好的分布式支持，对于大规模的训练，前面介绍的几款框架是更好的选择。

5. CNTK

CNTK（Microsoft Cognitive Toolkit）是微软开源的一套人工智能工具包，如图 1.18 所示。

图 1.18

CNTK 是为数不多的可以安装在 Windows 平台的一款深度学习框架。对 GPU 和 CPU 支持得很好，CNTK 除了可以使用 C++、Python，还可以使用一种特殊的脚本 BrainScript 来构建模型，同时提供了上层 API 和底层 API 以满足用户需求，并且 CNTK 支持多 GPU 和集群训练。

1.7　深度学习的未来

曾有人说：“人工智能是人类最后的发明”，确实，21 世纪的今天是人工智能的时代，很多传统的方法被 AI 替代，我们可以利用图像识别来识别车牌进行记录，我们可以利用人脸识别来替代传统的门禁，我们可以利用语音识别替代键盘打字……

AI 的潜力是无限的，深度学习的发展加速了人工智能在现实社会中的应用，同时让人工智能得到一种完美的表达，而不是人们所谓的空谈。现在，我们已经在视觉、自然语言以及游戏 AI 中取得了各种突破及成就，而未来，深度学习的发展将是扩散式的，从一方面发展到各行各业，如智能医疗、智能家居、智能教育、智能交通，等等。

让我们一起开始深度学习之旅，开启人工智能的篇章，利用 PaddlePaddle 构建出创新的应用吧！

参考文献

[1]　周志华.机器学习. 北京：清华大学出版社，2016.

[2]　吴岸城.深度学习与神经网络. 北京：电子工业出版社，2016.

[3]　Yann LeCun, Geoffrey Hinton, Yoshua Bengio. Deep learning

[4]　Ian Goodfellow, Yoshua Bengio. Arron Courville. Deep Learning. MIT press，2016.

[5]　ImageNet.http://www.image-net.org/

[6]　Jonathan Long, Evan Shelhamer, Trevor Darrell, Fully Convolutional Networks for Semantic Segmentation. https://arxiv.org/abs/1411.4038

[7]　Oriol Vinyals, Show and Tell: A Neural Image Caption Generator. https://arxiv.org/pdf/1411.4555.pdf

[8]　PaddlePaddle. http://paddlepaddle.org

[9]　Tensorflow. https://www.tensorflow.org

[10]　Torch. http://torch.ch/

[11]　Caffe.http://caffe.berkeleyvision.org/

[12]　CNTK. https://www.microsoft.com/en-us/cognitive-toolkit/

## 第 2 章

PaddlePaddle 简介

俗话说，工欲善其事，必先利其器，探索深度学习的第一步就是准备好我们的工具——PaddlePaddle 框架。由于 PaddlePaddle 是一款开源框架，因此我们可以直接下载到源代码，然后编译安装。

PaddlePaddle 的 GitHub：https://github.com/PaddlePaddle/Paddle

2.1　安装 PaddlePaddle

PaddlePaddle 提供了三种安装方式，分别是 Docker 镜像安装、使用 pip 安装和利用 PaddlePaddle 源码进行编译安装。下面分别介绍这三种方法。

2.1.1　Docker 镜像安装

Docker 是一个装载应用程序的容器，最初是由 dotCloud 公司（现在已改名为 Docker 有限公司）开发的，于 2013 年在 GitHub 上开源。

Docker 为应用提供了隔离的环境，可以移植到不同的机器上。可以说，Docker 类似于虚拟机，但和通常的虚拟机又有很大差别。

Docker 可以在 Windows、Linux 以及 MacOS 三大操作系统中安装使用。

1. 在 Windows 上安装 Docker

❶ 首先在 Docker 官网下载 Docker 安装程序：https://download.docker.com/win/stable/InstallDocker.msi。

❷ InstallDocker.msi 下载完成后，打开安装程序，按照提示完成安装，如图 2.1 所示。

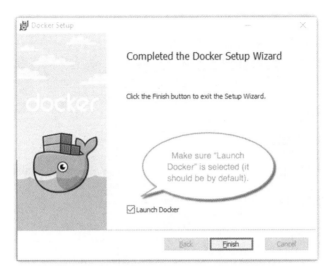

图2.1

❸ 安装完成后，Docker 会自行启动，状态栏会出现一个鲸鱼的图标，表示 Docker 正在运行。

❹ 打开 CMD 或者 PowerShell，或者其他 Shell 命令行，检查 Docker 版本：

```
C:\Users\Docker> docker -version
Docker version 17.03.0-ce, build 60ccb22
```

❺ 运行完成，表示 Docker 已成功安装。

2. 在 Linux 上安装 Docker

在 Linux 上安装 Docker 的方式有很多，对于不同发行版本的 Linux，安装命令略有差别。

（1）CentOS。

```
sudo yum install docker
```

启动 Docker。

```
sudo service docker start
```

（2）Ubuntu。

升级包管理器：

```
sudo apt-get update
```

安装所有必需和可选的包：

```
sudo apt-get install linux-image-generic-lts-trusty
```

重启：

```
sudo reboot
```

使用 wget 命令安装 Docker：

```
wget -q0- https://get.docker.com/ | sh
```

测试：

```
sudo docker run hello-world
```

3. 在 MacOS 上安装 Docker

①　下载 Docker 安装程序：https://download.docker.com/mac/stable/Docker.dmg。

②　安装 Docker 到 Mac 上，如图 2.2 所示。

图 2.2

③　Docker 开始运行后，打开终端命令行。

④　在终端命令行中输入：

```
docker run hello-world
```

以检查 Docker 是否正确安装。

至此，我们就完成了 Docker 的安装，可以在 Docker 上部署 PaddlePaddle 了。

①　打开终端或者 Shell 命令行，确保 Docker 正在运行。

在终端命令行中输入：

```
docker pull paddlepaddle/paddle:0.10.0rc2
```

以下载 PaddlePaddle 的 Docker 镜像。

②　然后输入：

```
docker run paddlepaddle/paddle:0.10.0rc2
```

开始运行容器中 PaddlePaddle 的镜像。

2.1.2　使用 pip 安装

pip 是一个 Python 的包管理工具，开发者将程序打包并发布，使用者可以直接利用 pip 工具来安装需要的第三方框架，PaddlePaddle 在 0.10 版本之后开始支持 pip 安装。

安装 CPU 版本，支持 AVX 指令和 OpenBLAS。

```
pip install paddlepaddle
```

安装 GPU 版本，支持 OpenBLAS。

```
pip install paddlepaddle-gpu
```

这样就很方便地完成了 PaddlePaddle 的安装。

2.1.3　源码编译安装

源码编译安装对于一般用户来说是一件很麻烦的事情，不像 Docker 和 pip 包安装那样简单方便。源码编译安装时需要注意很多问题，尤其是第三方依赖库的问题。只有安装环境处理好了，源码编译才会变得容易，下面就来详细介绍 PaddlePaddle 源码安装的步骤。

❶ 下载 PaddlePaddle 源码。PaddlePaddle 有两处源码可以进行安装。一处是 GitHub 的 Develop 分支，Develop 分支的代码是正在开发的代码，可能每天都会变，但 Develop 的代码一般都是最新的。另一处就是稳定版的 release 代码，可以在 https://github.com/ baidu/Paddle/releases/下载到 tar.gz 或者 zip 打包的源代码。这里，我们采用 GitHub 仓库中 Develop 分支的代码进行编译安装，如图 2.3 所示。

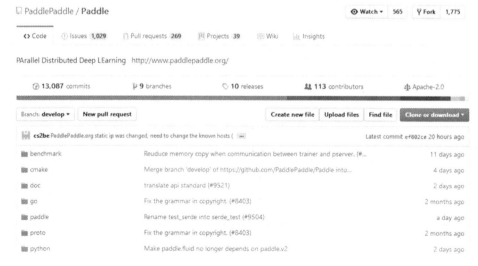

图 2.3

② 使用 Git 下载源代码：

```
git clone https://github.com/PaddlePaddle/Paddle.git
```

下载完成后会出现一个 Paddle-develop 的文件夹。当然我们还不能直接安装，需要准备好 PaddlePaddle 所依赖的第三方库。

③ 安装第三方依赖库。

PaddlePaddle 源码编译前需要安装一些依赖库。

（1）CMake

CMake 是一个跨平台的编译工具，可以在任何平台、任何编译器下生成对应的 Makefile，然后利用 make 命令进行编译。通过编写对应工程的 CMakeList.txt 文件达到控制编译过程的效果。

PaddlePaddle 源码需要利用 CMake 软件生成 Makefile 进行编译。CMake 版本需在 3.0 以上，目前版本为 3.9.0。对于 CentOS 7，CMake 版本一般为 2.8。若是版本太低，则可以前往 CMake 官网下载最新版的 CMake 进行安装（https://cmake.org/download/）。

（2）Python

到目前为止，PaddlePaddle 只支持 Python 2.7 版本（2.7.10 之上），一般 Linux 系统或者 MacOS 会自带 Python 2.7，但要注意版本，可能有些发行版的 Linux 系统的 Python 2.7 版本比较老，可能是 Python 2.7.5，这种情况下，就需要手动升级 Python 来适配 PaddlePaddle，可以在命令行里输入 python 2.7 查看其版本，如图 2.4 所示。

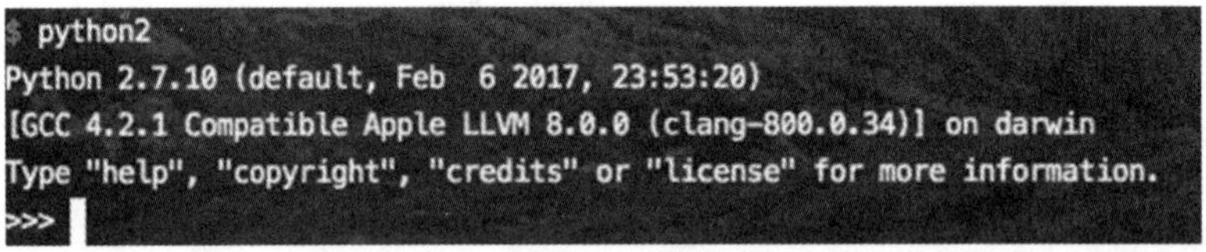

```
$ python2
Python 2.7.10 (default, Feb  6 2017, 23:53:20)
[GCC 4.2.1 Compatible Apple LLVM 8.0.0 (clang-800.0.34)] on darwin
Type "help", "copyright", "credits" or "license" for more information.
>>>
```

图 2.4

如果 Python 版本太低或者没有安装 Python，则可以去 Python 官网下载合适版本的 Python（https://www.python.org/downloads/release/python-2713/），如图 2.5 所示。

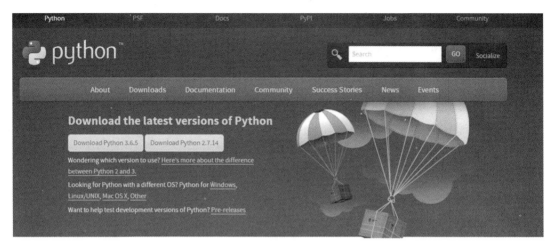

图2.5

注意，Python 安装完成后，修改系统的默认 Python，否则 PaddlePaddle 在安装时，若检测到的 Python 依旧是老版本的 Python，则编译便会出现错误而停止。

（3）Numpy

Numpy 是 Python 的一个非常实用的数值计算库，可以方便地处理向量、矩阵以及张量的计算与操作，内置很多运算函数，并且封装了向量和矩阵，在机器学习和深度学习领域里，Numpy 发挥着巨大的作用。Numpy 安装很方便，可直接通过 Python 的包管理工具 pip 进行安装：

```
sudo pip install numpy
```

利用 pip 安装 Python 包时要注意是否与目标 Python 版本相对应，如果系统中安装了多个 Python，则很容易将 Numpy 包安装到其他版本里。

（4）Protobuf

Prorobuf 是 Google 开源的一款轻便高效的结构化存储格式，可用于结构化数据串行化，或者说序列化，很适合做数据存储或 RPC 数据交换格式，可用于通信协议、数据存储等领域的语言无关、平台无关、可扩展的序列化结构。与通用的 XML 相比，Protobuf 最大的优势就是性能好、效率高，在处理大数据时，选用 Protobuf 可以大幅提高效率（https://www.ibm.com/developerworks/cn/linux/l-cn-gpb/）。

PaddlePaddle 要求 Protobuf 版本大于 3.0，可以去 Google 的 GitHub 仓库 0000000 下载该软件（https://github.com/google/protobuf）。

```
tar zxvf protobuf-3.2.0.tar.tgz
cd protobuf-3.2.0/
```

```
./configure
make
sudo make install
```

这样就成功安装了 Protobuf，打开终端输入命令，检查是否成功安装：

```
$ protoc -version
libprotoc 3.2.0
```

接着继续安装 Protobuf 的 Python 模块：

```
cd ./python
python setup.py build
python setup.py test
python setup.py install
```

至此，Protobuf 就安装完成了，可以开始进行下一步了。

（5）Swig

Swig 是一种让脚本语言调用 C/C++接口的工具，支持 Perl、Python、Ruby 等很多脚本，并且对 C++的继承、多态、模板、STL 等都有较好的支持。

```
# Ubuntu
apt-get install swig

# CentOS
yum install swig

# macOS
brew install swig
```

（6）BLAS

BLAS（Basic Linear Algebra Subprograms）是基础线性代数程序集。主要是线性代数的高性能运算库，PaddlePaddle 支持 MKL 和 OpenBlas 以及 ATLAS 这几类线性代数库，推荐使用 MKL 库。MKL 是由 Intel 开发的针对 Intel 处理器优化的高性能计算库，支持多平台，对线性代数、快速傅里叶变换（FFT）、Deep Neural Network，以及向量运算和数据拟合方面做了性能优化。Intel 将其集成到了 Intel Parallel Studio 里，安装方便，且提供了 C++等多门语言的接口。

2.1.4 编译安装 PaddlePaddle

处理完 PaddlePaddle 安装的依赖库，终于可以开始编译 PaddlePaddle 了。但编译时要注意一些编译选项，在此列举了编译时的选项，如表 2.1 所示

表 2.1

WITH_GPU	编译是否支持 NVIDIA GPU
WITH_AVX	编译是否支持 AVX 指令
WITH_TESTING	编译是否支持单元测试
WITH_SWIG_PY	编译是否支持 Swig
WITH_DOC	编译是否安装文档
WITH_PYTHON	编译是否加入 Python 解释器
WITH_RDMA	编译是否支持 RDMA（InfiniBand 高速网络）

针对自己的机器选择合适的编译选项，就可以开始利用 CMake 进行编译了。

```
cd Paddle-develop/
mkdir build
cd build
cmake .. -DWITH_GPU=ON -DWITH_SWIG_PY=ON
```

在检查完系统配置和依赖环境之后，CMake 会生成一个 Makefile 文件。

```
make -j 4
sudo make install
```

编译完成后，还需要安装 PaddlePaddle 的 Python 模块：

```
sudo pip install /opt/paddle/share/wheels/*.whl
```

至此，PaddlePaddle 就全部安装完成了，可以打开终端检查一下 PaddlePaddle 能否正常使用。

```
$ paddle version
PaddlePaddle 0.10.0, compiled with
    with_avx: ON
    with_gpu: OFF
    with_double: OFF
    with_python: ON
    with_rdma: OFF
with_timer: OFF
```

看到这些信息时，说明 PaddlePaddle 已经安装成功了。

2.1.5　GPU 配置

众所周知，我们的计算机显卡在图像显示与处理领域有着杰出的贡献。GPU（Graphics Processing Unit）凭借其强大的矩阵运算能力，在深度学习领域体现出了强大的优势，也因此，GPU 成为了加速深度学习的一大利器。在 GPU 厂商中，NVIDIA 独占鳌头，利用高性能计算显卡成功打破了深度学习的计算瓶颈，如图 2.6 所示。

图 2.6

对于用于加速深度学习的 GPU，我们需要提供显卡驱动环境（NVIDIA driver），以及高性能开发环境 CUDA（Compute Unified Device Architecture），CUDA 是 NVIDIA 开发的一套基于 C 语言的 GPU 并行环境。

1. 安装驱动程序

首先根据自己的显卡型号，到 NVIDIA 官网下载相应的驱动：http://www.nvidia.com/Download/index.aspx，如图 2.7 所示。

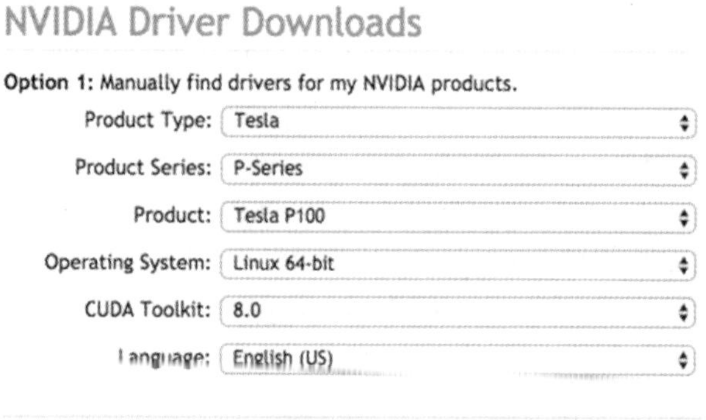

图 2.7

按照后面的提示确认后，开始下载 Linux 版的 NVIDIA 显卡驱动。在 CentOS 下，安装 NVIDIA 显卡驱动需要屏蔽系统自带的 nouveau，否则无法安装 NVIDIA 程序。

屏蔽 nouveau。

（1）使用 vim 打开文件/lib/modprobe.d/dist-blacklist.conf；

（2）添加 blacklist nouveau；

（3）重建 initramfs image：

```
mv /boot/initramfs-$(uname -r).img /boot/initramfs-$(uname -r).img.bak
dracut /boot/initramfs-$(uname -r).img $(uname -r)
```

（4）重启 Linux；

（5）输入命令 lsmod | grep nouveau，检查 nouveau 是否被禁用，若无返回，则说明已经禁用成功。

安装 Linux 显卡驱动：

```
chmod +x NVIDIA-Linux-x86_64-270.41.19.run && ./NVIDIA-Linux-x86_64-
270.41.19.run
```

根据提示完成 Linux 的 NVIDIA 显卡驱动安装。

2. 安装 CUDA Toolkit

安装完 Linux 的 NVIDIA 驱动后，就可以开始安装 CUDA Toolkit 了。CUDA 也是 NVIDIA 提供的免费软件包，可以在官网上根据对应的系统进行下载：https://developer.nvidia. com/cuda-downloads，如图 2.8 所示

图 2.8

CUDA 8.0 的大小约为 1.4GB，需要等待一些时间。完成 CUDA Toolkit 的下载后，运行 runfile，如图 2.9 所示。

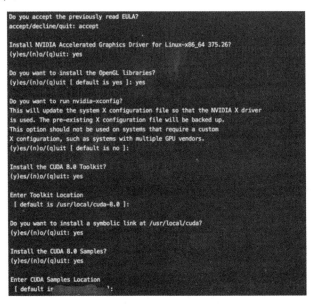

图 2.9

根据提示安装 CUDA Toolkit 以及一些 sample code，用于测试 CUDA 和 GPU。

安装完成后，可以通过 NVIDIA-SMI 命令检查是否安装成功，如图 2.10 所示。

```
| NVIDIA-SMI 375.39              Driver Version: 375.39           |
|-------------------------------+----------------------+----------------------|
| GPU  Name             Persistence-M| Bus-Id        Disp.A | Volatile Uncorr. ECC |
| Fan  Temp  Perf  Pwr:Usage/Cap|         Memory-Usage | GPU-Util  Compute M. |
|===============================+======================+======================|
|   0  TITAN X (Pascal)     Off  | 0000:03:00.0     Off |                  N/A |
| 37%   61C    P2   235W / 250W |   8467MiB / 12189MiB |     92%      Default |
+-------------------------------+----------------------+----------------------+

+-----------------------------------------------------------------------------+
| Processes:                                                       GPU Memory |
|  GPU       PID   Type   Process name                             Usage      |
|=============================================================================|
|    0     26051      C   python                                    8465MiB |
+-----------------------------------------------------------------------------+
```

图 2.10

如果能显示 GPU 的型号以及使用情况，则说明已经安装成功了。或者使用 nvcc 编译测试样例程序来测试 CUDA 与 GPU。

NVIDIA 驱动和 CUDA 安装完成后，还是不能使用 GPU 来参与我们的深度学习加速，对于一些框架，开发者可能倾向于使用 NVIDIA 提供的 cuDNN 之类的 CUDA 加速的 Deep Neural Network 框架。cuDNN 除了使用 NVIDIA GPU 进行并行加速，还做了很多其他方面的优化。除此之外，NVIDIA 还提供了很多其他的 GPU 计算加速库，详见 https://developer.nvidia.com/deep-learning-software，如图 2.11 所示。

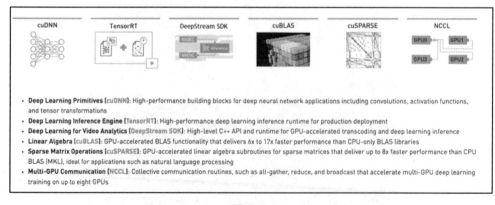

图 2.11

下载 cuDNN，选择对应系统的版本，然后解压下载的压缩包，会看到有一个 include 文件夹和 lib 文件夹，需要将这两个文件夹里的文件移到系统目录下。

将头文件移动到系统 cuda 目录下的 include 里：

```
cd cuda/include
sudo cp cudnn.h /usr/local/cuda/include
```

将库文件移到 cuda 目录下的 lib 里：

```
cp cuda/lib/*   /usr/local/cuda/lib64/
```

添加环境变量：

```
export LD_LIBRARY_PATH=/usr/local/cuda/lib64:$LD_LIBRARY_PATH
export PATH=/usr/local/cuda/bin:$PATH
```

至此，我们就完成了 GPU 的环境配置，在编译 PaddlePaddle 时，只需修改编译选项 WITH_GPU=ON 就可以安装支持 GPU 的 PaddlePaddle 版本了。

3．深度学习与 GPU 的选择

GPU 在深度学习研究或应用中是一种很重要的资源，同时也是一种很昂贵的资源，合理选择 GPU 可以最大化性价比。NVIDIA 针对不同应用提供了不同系列的产品。

（1）Tesla 系列

Tesla 家族的 GPU 是标准的计算卡，不同于一般的 GTX 游戏显卡，Tesla 计算卡不会配备 HDMI 等输出接口，如图 2.12 所示。

图 2.12

对于 GPU，我们通常会关注 CUDA Core 数量、单 / 双精度浮点运算、单核时钟频率以及内存带宽。Tesla 家族显卡在 HPC（High Performance Computing）领域应用广泛，如图 2.13 所示。

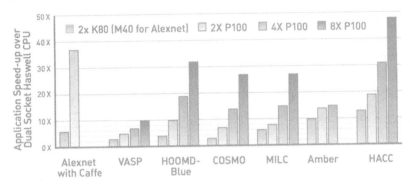

图 2.13

Tesla P100 是 NVIDIA 推出的一款超强计算卡，也是目前市面上能够购买到的性能最强的 GPU，Tesla P100 拥有 3584 个 CUDA 核心，内存带宽高达 732GB/s。

（2）GTX 系列

GTX 属游戏显卡类别，主打游戏市场，其中，1080 系列显卡性能突出，常常被用来加速深度学习任务。此外，1080 系列价格较 Tesla 以及将要介绍的 TITAN 系列要低，较为适合大众。

（3）TITAN X

TITAN 本归于 GTX 类，但其性能介于 Tesla 和 GTX 之间，而且已成为大众在深度学习领域 GPU 的不二之选，同时其价格也介于 Tesla 与 GTX 之间，性价比较高，如图 2.14 所示。

图 2.14

三类显卡对比如表 2.2 所示。

表 2.2

显 卡 型 号	GTX 1080	Tesla P100	GTX TITAN X
GPU 代号	GP104	GP100	GP102
GPU 工艺	16nm	16nm	16nm
CUDA 核	2560	3584	3584
单精度浮点	9 TeraFLOPs	10.6 TeraFLOPs	11 TeraFLOPs
核心频率	1607MHz	1328MHz	1417MHz
boost 频率	1733MHz	1480MHz	1531MHz
架构	Pascal	Pascal	Pascal
内存位宽	256 bit	4096 bit	384 bit
内存带宽	320 GB/s	720 GB/s	480 GB/s
内存类型	GDDR5X	HBM2	GDDR5X
内存容量	8 GB	16 GB	12 GB

2.2　测试 PaddlePaddle

在安装完成后，就可以开始测试 PaddlePaddle 了，PaddlePaddle 中提供了一些 demo 可以用来测试。

下面就使用 PaddlePaddle 提供的 MNIST 手写数字识别 demo 来测试是否安装成功。

MNIST 识别的测试代码在 demo 目录下，进入后，通过运行 V2 版本的训练脚本便可以下载 MNIST 数据集，然后开始训练，如图 2.15 所示。

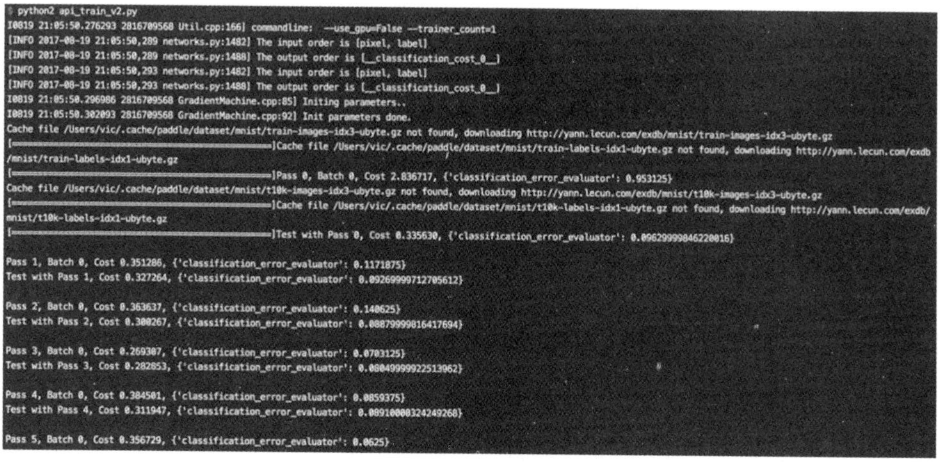

图 2.15

现在数据集已经下载完成，PaddlePaddle 开始训练 MNIST 识别算法了，至此，我们的 PaddlePaddle 就成功安装在了计算机上。

参考资料

[1] Docker Documentation. https://www.docker.com/

[2] PaddlePaddle Documentation. http://doc.paddlepaddle.org

[3] Nvidia. http://www.nvidia.cn/page/home.html

第3章

初探手写数字识别

DNN MNIST 手写数字识别

1. MNIST 数据集

MNIST（Mixed National Institute of Standards and Technology）是一个著名的手写数字数据集，由 Yann LeCun 等人收集了人们手写的数字，并对数据进行修剪、预处理及标记，然后打包成了一个完整的数据集。整个数据集共有 60000 张训练图片，10000 张测试图片，其中，每张图片只有一个数字，图像统一大小 28×28，如图 3.1 所示。

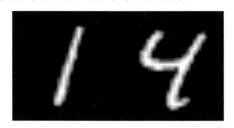

图3.1

MNIST 数据集识别在深度学习领域里的地位就好比一位启蒙老师，几乎每位深度学习的初学者都会接触到这个数据集，在之后的卷积神经网络中，我们会继续利用 MNIST 数据集来测试全新的模型。

MNIST 数据集可以从其官网下载：http://yann.lecun.com/exdb/mnist/。整个数据集被分成了四个用 gz 压缩的文件，将文件分别解压缩之后可以看到以下四个文件。

- train-images-idx3-ubyte：训练数据的图片文件（60000）。
- train-labels-idx1-ubyte：训练数据的标记文件（60000）。
- t10k-images-idx3-ubyte：测试数据的图片文件（10000）。
- t10k-labels-idx1-ubyte：测试数据的标记文件（10000）。

当然，对于这种整合的文件，我们需要先去了解它们的内部格式，然后再去学习如何正确地读取数据。

Yann LeCun 在 MNIST 网站中提供了有关数据集的详细信息。

训练集 / 测试集中（train-images-idx3-ubyte，t10k-images-idx3-ubyte），图像数据的文件格式如下所示。

```
[offset] [type]          [value]          [description]
0000     32 bit integer  0x00000803(2051) magic number
0004     32 bit integer  60000            number of images
0008     32 bit integer  28               number of rows
0012     32 bit integer  28               number of columns
0016     unsigned byte   ??               pixel
0017     unsigned byte   ??               pixel
........
xxxx     unsigned byte   ??               pixel
```

offset 就相当于文件中的偏移量，每一段内容都会占据一定空间，而这个 offset 就是每段内容的开始位置。

前面四个是 integer 类型的数字，后面三个分别是图像的数量、行数和列数。读完这四个数字，就可以开始利用索引的方式来读取每一张训练图片了。其中，每一张图片的大小为 28×28（像素），因为是顺序存储的（不是矩阵），因此我们需要一次性读取一个长度为 784 的行向量。

训练集 / 测试集（train-labels-idx3-ubyte，t10k-labels-idx3-ubyte）中标签数据的文件格式如下所示。

```
[offset] [type]          [value]          [description]
0000     32 bit integer  0x00000801(2049) magic number (MSB first)
0004     32 bit integer  10000            number of items
0008     unsigned byte   ??               label
0009     unsigned byte   ??               label
........
xxxx     unsigned byte   ??               label
```

The labels values are 0 to 9.

获取标签的方法与获取图像数据的方法相近，在处理完前面两个 integer 之后，我们可以一次性读取所有的标签数据。

2. 利用 Python 读取 MNIST 图像与标签数据

MNIST 数据集文件是一个打包的二进制文件，可以利用 Python 中的 struct 来读取。

读取图像数据：

```python
def read_image_files(filename, num):
    # 打开二进制文件
    bin_file = open(filename, 'rb')
    buf = bin_file.read()
index = 0
# 读取前四个数字
magic, numImage, numRows, numCols = struct.unpack_from(
'>IIII', buf, index)
# 索引移动到第一张图片的位置
    index += struct.calcsize('>IIII')
    image_sets = []
for i in range(num):
    # 读取一张完整的图片数据
        images = struct.unpack_from('>784B', buf, index)
        # 将索引移到下一张图片
        index += struct.calcsize('>784B')
        # 将读取到的图片数据转成 Numpy 数组，以方便进行一些运算
        images = np.array(images)
        # 将图像归一化
        images = images/255.0
        images = images.tolist()
        image_sets.append(images)
    bin_file.close()
return image_sets
```

读取完整的标签数据：

```python
def read_label_files(filename):
    bin_file = open(filename, 'rb')
    buf = bin_file.read()
index = 0
# 读取前两个 integer
    magic, nums = struct.unpack_from('>II', buf, index)
index += struct.calcsize('>II')
# 一次性读取所有标签
    labels = struct.unpack_from('>%sB' % nums, buf, index)
bin_file.close()
# 将标签转为 Numpy 数组
    labels = np.array(labels)
return labels
```

读取完整的数据集：

```python
def fetch_traingset():
```

```
    # 训练数据文件路径
    image_file = 'data/train-images-idx3-ubyte'
    label_file = 'data/train-labels-idx1-ubyte'
    images = read_image_files(image_file,60000)
labels = read_label_files(label_file)
# 利用字典返回数据
return {'images': images, 'labels': labels}

def fetch_testingset():
    # 测试数据文件路径
    image_file = 'data/t10k-images-idx3-ubyte'
    label_file = 'data/t10k-labels-idx1-ubyte'
    images = read_image_files(image_file,10000)
    labels = read_label_files(label_file)
return {'images': images, 'labels': labels}
```

3. 读取测试

通过 Python 的 struct 包将图像读取出来后，我们并不知道读取的图像是否正确，下面检验一下。

Python 有一个常用的绘图包：Matplotlib，可以将灰度图像绘制出来。注意，我们从二进制数据集中读取出来的图像是一个长为 784 的向量，要想利用 Matplotlib 显示出来，则需要将一维向量转为二维矩阵。

```
import matplotlib.pyplot as plt

def test():
data = fetch_testingset()
# 获取第10张图片
image = data['images'][10]
# 输出第10张图片的标签
print("Label: %d" % data['labels'][10])
# 将1×784 的向量转为 28×28 的图像矩阵
images = np.reshape(image, [28, 28])
# 显示灰度图像
    plt.imshow(images, cmap='gray')
plt.show()
```

最后的运行效果如图 3.2 所示。

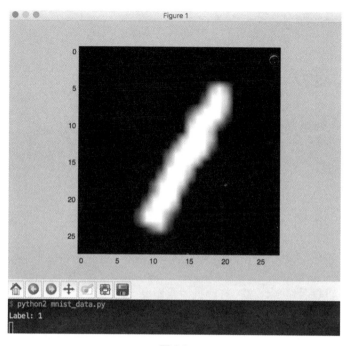

图 3.2

4. 构建第一个神经网络来识别 MNIST 手写数字

了解完 MNIST 数据集之后，就开始学习如何使用 PaddlePaddle 这个深度学习框架去构建神经网络来识别这些数字了。

在这个例子中，我们将初次接触 PaddlePaddle 框架的使用过程。PaddlePaddle 提供了两个版本的接口（0.9.0 与 0.10.0）。在这个例子中，我们将基于 PaddlePaddle V2（0.10.0）的 API 来构建模型，并利用训练的模型进行预测。

导入 PaddlePaddle V2 模块：

```
import paddle.v2 as paddle
```

初始化 PaddlePaddle 环境。

初始化工作主要是对环境的一些参数进行设置，例如，是否使用 GPU 来训练。trainer_count 参数用于确定训练机器中使用 GPU 的数量或者是 CPU 的核数（线程数），关于其他参数，我们会在后面介绍。

```
paddle.init(use_gpu=False, trainer_count=1)
```

在进行下一步之前，先来了解如何利用 PaddlePaddle 完成深度学习训练，如图 3.3 所示。

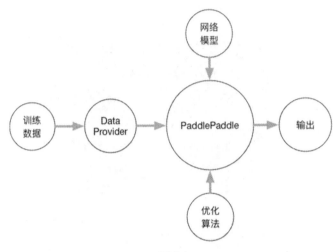

图 3.3

PaddlePaddle 可以看作一台 3D 打印机，我们设计的深度学习模型如同我们需要打印制作的模型，训练数据就如同我们的原材料，DataProvider 相当于对我们的原材料进行加工，使得加工后的材料能够直接提供给打印机（PaddlePaddle）使用，优化算法可以帮助我们更快更准确地完成制作步骤。当一切准备就绪后，我们就可以打开我们的机器，进行模型打印了（训练），一定时间之后，就可以获得我们想要的输出了。

简而言之，PaddlePaddle 的工作就是利用我们设计的模型和提供的数据，通过高性能计算等技术完成模型的训练并得到输出。

因此在使用 PaddlePaddle 时最主要的工作就是：

（1）设计深度学习模型。

（2）准备数据。

（3）选择合适的优化算法。

（4）开始训练。

（5）预测结果。

（6）结果评估。

了解这些之后，就可以继续手写数字识别工作了。首先初始化 PaddlePaddle 的一些环境参数，接下来就要开始设计我们的深度学习模型了。

深度学习相比于感知机这一类机器学习算法有很大的不同，区别在于深度学习神经网络中存在很多隐层（Hidden Layers），而且，随着层数和宽度的增加，神经网络几乎可以模拟任何函数，因此，这里采用含有三层隐层的神经网络来设计 MNIST 识别算法，如图 3.4 所示。

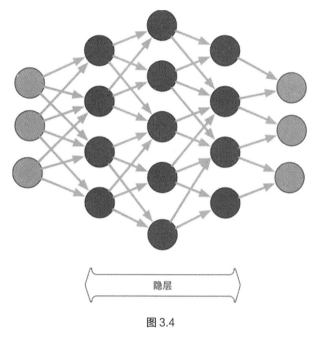

隐层

图 3.4

首先需要明确输入与输出的大小，我们输入的是 28×28 的灰度图像，也就是一个 784 的向量，输出是 0～9 的数字，即划分为 10 类。

```
image_dim = 28*28
class_dim = 10
```

添加输入层，确定输入数据的类型与大小。由于是灰度数据向量，因此我们选择 dense_vector 作为输入类型。

```
image = paddle.layer.data(
    name='image',
    type=paddle.data_type.dense_vector(image_dim)
)
```

隐层实际上是一种全连接（Fully Connected Layer）的网络，即上一层的每个神经元都会和下一层的神经元相连。

```
fc_1 = paddle.layer.fc(
    input=input,
    size=784,
    act=paddle.activation.Sigmoid()
)
```

fc 就是这里的全连接网络层（Fully Connected Layer），其中，input 表示该层输入，size 是这一层的神经元数量，act 表示激活函数（后面我们会详细介绍），这样就构建了一层隐层神经网络。下面我们将完整定义三层隐层。

```python
def network(input):
    # fully connected hidden layers
    fc_1 = paddle.layer.fc(
        input=input,
        size=784,
        act=paddle.activation.Sigmoid()
)

    fc_2 = paddle.layer.fc(
        input=fc_1,
        size=256,
        act=paddle.activation.Sigmoid()
)

    fc_3 = paddle.layer.fc(
        input=fc_2,
        size=64,
        act=paddle.activation.Sigmoid()
)
    # output layer
    output_layer = paddle.layer.fc(
        input=fc_3,
        size=class_dim,
        act=paddle.activation.Softmax()
    )
return output_layer
```

前面我们已经定义了输出层 output_layer，output_layer 也是基于全连接层的，激活函数选择 Softmax。Softmax 函数在分类模型中常常用来做输出层激活函数，它可以将输出转为概率分布，即当前输入分到每一类的概率，概率最大的对应的那一类就是分类结果。

```python
output_layer = paddle.layer.fc(
    input=fc_3,
    size=class_dim,
    act=paddle.activation.Softmax()
)
```

至此，三层隐层就定义完成了，接下来需要考虑优化算法。

模型会利用已有的输入数据计算一个预测值，然后与真实值比较，通过优化算法调整模型参数，循环往复，直到模型输出的预测值与真实值近似相等，模型才算训练完成。

5. 标签输入

模型输出值与真实值的损失计算如下。

```
label = paddle.layer.data(
    name='label',
    type=paddle.data_type.integer_value(class_dim)
)
```

损失计算，由于是分类问题，因此选择 PaddlePaddle 提供的分类错误损失计算函数。

```
cost = paddle.layer.classification_cost(
    input=output_layer,
    label=label
)
```

创建模型参数：

```
parameters = paddle.parameters.create(cost)
```

设计优化算法，此时这里选择的是一种叫作"Momentum（动量）"的优化算法，是一种基于 Gradient Descent 的算法，后面将详细介绍。

```
momentum_optimizer = paddle.optimizer.Momentum(
    momentum=0.9,
    regularization=paddle.optimizer.L2Regularization(rate=0.0002 * 128),
    learning_rate=0.1 / 128.0,
    learning_rate_decay_a=0.1,
    learning_rate_decay_b=50000 * 100,
    learning_rate_schedule='discexp'
)
```

其中，momentum 参数是动量因子，学习率为 0.1/128。

创建 PaddlePaddle 训练机。创建训练机 Traner，我们需要提供计算得到的损失函数、参数和优化算法，即 update_equation。

```
trainer = paddle.trainer.SGD(
    cost=cost,
    parameters=parameters,
    update_equation=momentum_optimizer
)
```

接下来就要开始准备我们的 DataProvider 了数据一般不能直接提供给 PaddlePaddle 使用，需要将数据调整到特定的格式，然后再提供给 PaddlePaddle。

在此之前，我们已经学习了如何使用 MNIST 数据集，现在需要把之前做好的 MNIST 数据集的读取函数和 PaddlePaddle 的 DataProvider 结合起来使用，为训练提供数据。

```
def create_reader(filename, n):
    def reader():
        if filename == 'train':
            dataset = fetch_traingset()
        else:
            dataset = fetch_testingset()
```

```
    for i in range(n):
        yield dataset['images'][i], dataset['labels'][i]

return reader
```

此外，对于训练过程，我们需要看到一些输出，一些中间结果 PaddlePaddle 提供了一种叫作 event_handler 的事件处理，用于检查训练过程中的误差和精度。

```
def event_handler(event):
    if isinstance(event, paddle.event.EndIteration):
        if event.batch_id % 100 == 0:
            print("\nPass %d, Batch %d, Cost %f, %s" %
                (event.pass_id,
                 event.batch_id,
                 event.cost,
                 event.metrics)
                )
        else:
            sys.stdout.write('.')
            sys.stdout.flush()
    if isinstance(event, paddle.event.EndPass):
        # 保存模型参数
        with gzip.open('output/params_pass_%d.tar.gz' %
                        event.pass_id, 'w') as f:
            parameters.to_tar(f)

        feeding = {'image': 0,
                   'label': 1}
        test_reader = data_provider.create_reader('test', 10000)

        result = trainer.test(
            paddle.batch(reader=test_reader, batch_size=128),
            feeding=feeding
        )
        with open('output/error', 'a+') as f:
            f.write('%f\n' % class_error_rate)
        print("\nTest with Pass %d, %s" % (
            event.pass_id,
            result.metrics))
```

这里，我们添加了测试的模块，从定义的 DataProvider 中获取测试数据，以利用 trainer 的 test 函数对当前模型进行测试。

```
test_reader = data_provider.create_reader('test', 10000)

result = trainer.test(
    paddle.batch(reader=test_reader, batch_size=128),
    feeding=feeding
)
```

训练模型：

```
reader = data_provider.create_reader('train', 60000)

feeding = {'image': 0,
           'label': 1}

trainer.train(
    reader=paddle.batch(reader=reader, batch_size=128),
    num_passes=passes,
    event_handler=event_handler,
    feeding=feeding
)
```

从 DataProvider 中获取训练数据，然后设定 BatchSize，即每次用一个 BatchSize 的数据来计算并更新参数，后面会讲到 Mini-Batch 相关的内容，设定训练轮数即 num_passes。

一切就绪后，运行写好的 Python 脚本就可以开始训练了，如图 3.5 所示

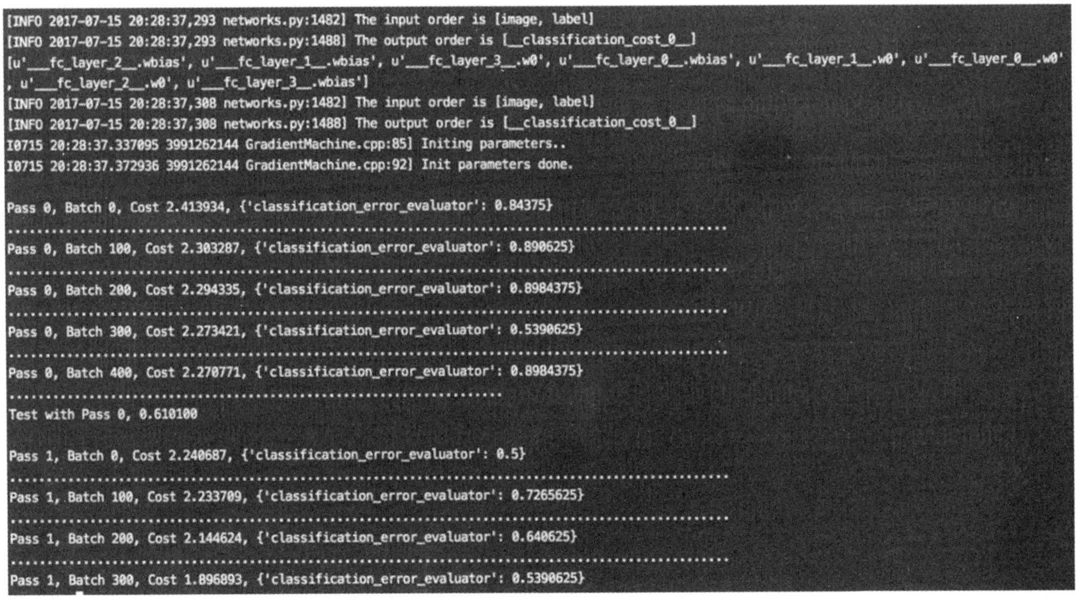

```
[INFO 2017-07-15 20:28:37,293 networks.py:1482] The input order is [image, label]
[INFO 2017-07-15 20:28:37,293 networks.py:1488] The output order is [__classification_cost_0__]
[u'___fc_layer_2__.wbias', u'___fc_layer_1__.wbias', u'___fc_layer_3__.w0', u'___fc_layer_0__.wbias', u'___fc_layer_1__.w0', u'___fc_layer_0__.w0'
, u'___fc_layer_2__.w0', u'___fc_layer_3__.wbias']
[INFO 2017-07-15 20:28:37,308 networks.py:1482] The input order is [image, label]
[INFO 2017-07-15 20:28:37,308 networks.py:1488] The output order is [__classification_cost_0__]
I0715 20:28:37.337095 3991262144 GradientMachine.cpp:85] Initing parameters..
I0715 20:28:37.372936 3991262144 GradientMachine.cpp:92] Init parameters done.

Pass 0, Batch 0, Cost 2.413934, {'classification_error_evaluator': 0.84375}
...................................................................................................
Pass 0, Batch 100, Cost 2.303287, {'classification_error_evaluator': 0.890625}
...................................................................................................
Pass 0, Batch 200, Cost 2.294335, {'classification_error_evaluator': 0.8984375}
...................................................................................................
Pass 0, Batch 300, Cost 2.273421, {'classification_error_evaluator': 0.5390625}
...................................................................................................
Pass 0, Batch 400, Cost 2.270771, {'classification_error_evaluator': 0.8984375}
..............................................................................
Test with Pass 0, 0.610100

Pass 1, Batch 0, Cost 2.240687, {'classification_error_evaluator': 0.5}
...................................................................................................
Pass 1, Batch 100, Cost 2.233709, {'classification_error_evaluator': 0.7265625}
...................................................................................................
Pass 1, Batch 200, Cost 2.144624, {'classification_error_evaluator': 0.640625}
...................................................................................................
Pass 1, Batch 300, Cost 1.896893, {'classification_error_evaluator': 0.5390625}
```

图 3.5

在实验中，预定训练 50 轮，由于 MNIST 数据集比较小，训练起来速度特别快，因此 50 轮在很短时间内就完成了。在训练过程中，参数不断更新，错误率一路下降，如图 3.6 所示。

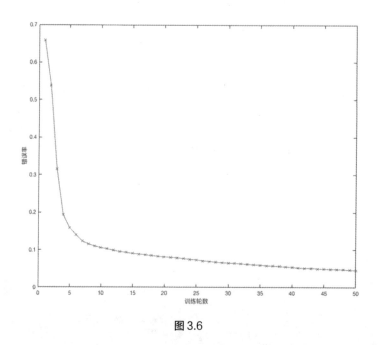

图3.6

从图 3.6 中可以看出，最开始几轮错误率下降特别快，随着训练的继续，错误率下降的速度逐渐减缓。

50 轮训练完成后，模型测试集错误率降到了 0.046000，即 4.6%，当然，这不是最理想的结果，模型还有很多可优化的地方，比如参数初始化、增加每层宽度等。

既然模型已经训练出来了，不妨手动测试一下 PaddlePaddle 训练的手写数字识别的效果。

在纸上写一个"3"，然后拍照裁剪到 28×28 的大小，接着利用 Python 对图片进行预处理（灰度化），得到处理后的图片如图 3.7 所示。

图3.7

人眼看起来会觉得分辨率特别低，但大致的轮廓形状还是能一眼辨认出的，但对于没有人眼的机器，识别是一件很复杂的事情。

下面导入 PaddlePaddle 训练的模型参数进行预测。

```
def predict(x, model_path):
    # 获得模型的输出层
output_layer = network(image)
# 加载模型参数
    with gzip.open(model_path, 'r') as openFile:
        parameters = paddle.parameters.Parameters.from_tar(openFile)
    # 用输入图像与模型进行预测
    result = paddle.infer(
        input=x,
        parameters=parameters,
        output_layer=output_layer,
        feeding={'image': 0})
return result
```

重新运行 Python 脚本，将会得到我们的预测结果，如图 3.8 所示。

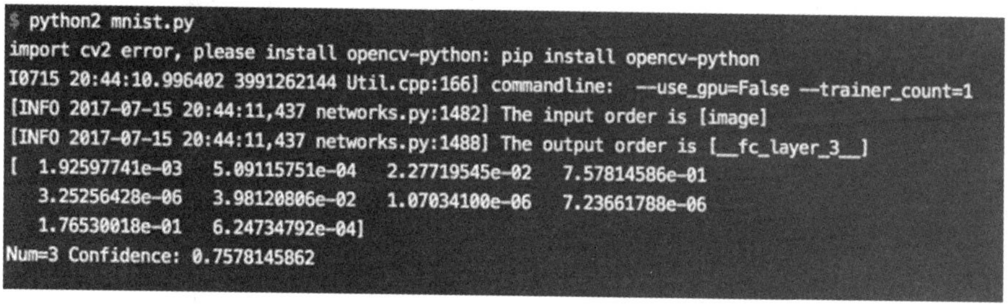

```
$ python2 mnist.py
import cv2 error, please install opencv-python: pip install opencv-python
I0715 20:44:10.996402 3991262144 Util.cpp:166] commandline:  --use_gpu=False --trainer_count=1
[INFO 2017-07-15 20:44:11,437 networks.py:1482] The input order is [image]
[INFO 2017-07-15 20:44:11,437 networks.py:1488] The output order is [__fc_layer_3__]
[ 1.92597741e-03   5.09115751e-04   2.27719545e-02   7.57814586e-01
  3.25256428e-06   3.98120806e-02   1.07034100e-06   7.23661788e-06
  1.76530018e-01   6.24734792e-04]
Num=3 Confidence: 0.7578145862
```

图 3.8

可以看出，手写的那个 "3" 成功被训练的模型识别出来了，而且输出了分类为 0~9 的概率，其中分类为 3 的概率最大，为 75.78%。

通过对 MNIST 识别的学习，我们首次将 PaddlePaddle 运用了起来，学习 PaddlePaddle 就必须了解它的运行机制，此外，这次我们使用的是 3 层全连接（Fully Connected）网络实现的识别算法，在之后的学习中，我们会采用更好的算法来提高准确率。

参考资料

[1]　MNIST.http://yann.lecun.com/exdb/mnist/

[2]　PaddlePaddle Documentation.http://doc.paddlepaddle.org

## 第 4 章

PaddlePaddle 基本用法

前面我们通过一个简单的 MNIST 手写数字例子，熟悉了如何利用 PaddlePaddle 构建简单的深度学习模型来完成识别任务。首先需要完成数据处理，将原始的图像数据处理成 PaddlePaddle 可直接使用的数据类型与格式；其次进行模型构建，利用 PaddlePaddle 提供的 API 函数构建神经网络模型，对于不同层，可以设置不同的神经元，可以选用多种多样的激活函数。完成模型构建后，我们需要与真实结果对比来计算损失，最后利用损失去优化模型。

在尝试了简单的 MNIST 之后，我们需要深入理解深度学习的一些关键知识，便于在今后的实践中灵活运用、解决问题，同时掌握了 PaddlePaddle 的 API 函数，可以提高工作效率。

4.1　数据准备

数据是深度学习模型优化的关键，模型的训练离不开数据。在训练神经网络时，我们的数据不能直接传送给框架去使用，因为框架无法直接读取图片、文字及音频等未经处理的数据，因此，在训练之前，我们需要完成以下两项任务来使得 PaddlePaddle 能够正确地读取并使用我们的数据。

（1）从数据集文件读取原始数据，进行预处理。

（2）将数据转为 PaddlePaddle 可用的格式，并给 PaddlePaddle 提供数据。

4.2　原始数据读取及预处理

随着深度学习的发展，越来越多的数据集被公开和生产出来，但每一种数据集几乎都有自己的一种存储方式，例如图像数据集，有的数据集提供了原始的图片文件，如 jpg 格式或 png 格式；而有的数据集会直接将所有的图片转换成矩阵后一起打包压缩成二进制文件。此外，图像数据很可能会用不同的方式存储，有的数据集会将三通道（RGB）的图像矩阵转换成一维向量进行读取，有的数据集可能会直接存储原始的整个图像矩阵。若是自然语言处理领域，原始数据的格式更是千奇百怪，因为涉及语言文本之类的数据，数据处理工序特别多，例如，要将文字数字化。由此而见，针对每一个数据集，都需要有一个特定的接口来读取原始数据。

在完成从数据集读取数据后，我们拿到的是未经过加工处理的数据，当然，此时离直接使用数据训练模型更近了一步。对于一般获取的数据，直接去用训练模型可能无法发挥数据本身的最佳效果，一些必要的预处理可以提高模型的精确度和泛化能力。下面介绍一种常用的数据预处理方法——归一化

归一化是数据预处理的第一步，是指将数据通过线性比例缩放使得数据分布在特定的区间内，归一化可以降低数据单位等的影响。通常，归一化将数据映射到[0,1]区间。

归一化的方法有多种，最常见的有 Min-Max 标准化、z-score 标准化。

（1）Min-Max 标准化是对数据进行平移和缩放，使其落入[0,1]区间内：

$$x^{'} = \frac{x - x_{\min}}{x_{\max} - x_{\min}}$$

（2）z-score 标准化是通过计算样本数据的方差和均值来进行归一化，使得归一化后的数据服从均值为 0 标准差为 1 的正态分布：

$$x^{'} = \frac{x - \mu}{\sigma}$$

归一化数据可以很好地加速算法收敛，尤其是使用梯度下降算法时，归一化可以减少迭代次数从而达到最优解。此外，归一化对模型精度提高有一定的作用。尤其是多个不同特征差值较大时，很容易导致值特别大的特征将较小的特征的影响消除。例如，有一个特征 A，取值在 10～100 之间，还有一个特征 B，取值在 1～5 之间。下面优化一个函数 $y=mA+nB$，如果 A 过大，则 B 变化对输出影响会很小。如果对特征 A 和 B 进行归一化，那么这种情况将完美地被解决掉，此时，归一化对模型的优化起到了很大的作用。

因而在处理数据时，要注意合理使用归一化。

完成数据读取和预处理之后，仍旧不能直接提供给 PaddlePaddle 训练，还需要进一步加工包装。在 PaddlePaddle V1 和 V2 两个版本中，分别给出了两种不同的数据加载方式。

4.3 PaddlePaddle 训练数据

1. PaddlePaddle V1

在 V1 版本中，数据提供一般用独立的 Python 脚本来处理，通常命名为 data_provider。在为 PaddlePaddle 提供数据时，我们需要考虑以下问题：

（1）需要为训练提供哪些数据？

（2）数据的大小，例如，图像数据的像素点数。

（3）数据的类型，可能为 integer_vector，也可能为 dense_vector。

下面用一个简单的例子来了解如何构建 PaddlePaddle V1 版的 data_provider。

假设我们的数据类型如下：

```
data = [[1,2,3,4,5,6,7], [2,3,4,5,6,6,8], [12,2,3,1,2,1,4]]
label = [3,1,2]
```

即每组数据是一个 1×7 的向量，而其对应的标签 Label 是一个整型数字，也就是类别标号。假设一共有 10 个类别，在训练过程中，我们需要将输入数据和标签同时传递给 PaddlePaddle。

PaddlePaddle V1 中主要通过 PyDataProvider2 这个接口提供数据，利用 Python 装饰器来确定训练数据或者测试数据的类型与大小。

```
from paddle.trainer.PyDataProvider2 import *

@provider(input_types={
    'data': dense_vector(7),
    'label': integer_value(10)
})
def process(settings, filename):

    # read data from dataset file
    data, label = load_dataset()

for data_pair in zip(data, label):
    # data pair[0] => data
    # data_pari[1] => label
    yield {
        'data': data_pair[0],
        'label': data_pair[1]
    }
```

Python 装饰器是一个语法糖，主要用来给已有的函数增添一些额外的功能，在此，我们的装饰器 provider 主要用来确定输入数据的类型和大小，对于装饰器方面的内容，请自行查看

Python 文档。

　　在上面的代码中，我们利用装饰器中的 input_types 参数定义了两种数据：一种是输入数据 data，一个 1×7 维的浮点型向量，在 PaddlePaddle 中属于 dense_vector 类型；另一个是数据的标签 label，integer_value 类型。既然是一个整型值，为什么后面会有一个 10 呢？这里的 10 表示整型值的范围，同时也表示输入的维度为 10。在分类中，输入类别标签经常需要进行 One-Hot（独热编码）处理，幸运的是，PaddlePaddle 内部已经实现了 One-Hot 编码，当我们使用 integer_value 给出确定类别范围时，PaddlePaddle 可以直接对其进行 One-Hot 处理。

　　One-Hot，又称一位有效编码，即利用二进制的思想，将 N 个类别转为 N 位二进制数存储，每个类别对应于二进制数的一位。例如，给水果分类，可以分为苹果、香蕉、桃子这三种，我们可以用十进制数 0、1、2 来分别表示这三种水果，使用 One-Hot 进行编码得到：苹果[0,0,1]、香蕉[0,1,0]、桃子[1,0,0]，这样就可以将特征稀疏化。One-Hot 之后的向量大小取决于类别数。

　　integer_value 中的参数表示整型数据的范围，即[0,N]，在预处理数据时，需要将标签调整到 0 为起点的连续整数。

　　处理好装饰器后，就可以开始处理数据了。假设读取数据集和预处理工作都已经在前期完成好了，通过 load_dataset 方法获取到 data 和 label，然后利用 yield 生成器来提供数据，每次提供一组数据，数据的关键字 key 要与 provider 装饰器中的对应，而且数据大小和类型需要保持一致。

　　在定义类型时，利用 key-value 的方式来存储信息，最后用 yield 生成数据时，也是维持了一种字典的结构，使用这种方式可以让数据的含义更加清晰。在模型中导入数据时，可以直接通过数据对应的 key 来获取数据。当然，如果不想使用字典的结构，也可以使用数组的方式进行存储。

```
@provider(input_types=[dense_vector(7), integer_value(10)])
def process(settings, filename):

    # read data from dataset file
data, label = load_dataset()

    for data_pair in zip(data, label):
        # data pair[0] => data
        # data_pari[1] => label
        yield data_pair[0], data_pair[1]
```

一般情况下，PaddlePaddle 会按照顺序来分配数据。

　　至此，我们就完成了 data_provider 负责的工作，但依然不能开始训练。我们需要在模型配置文件里添加数据配置，主要确定 data_provider 的文件、训练和测试时调用的数据函数，以及一些参数配置。

```
define_py_data_sources2(
    train_list='train.list',
    test_list='test.list',
    module='data_provider',
    obj='process',
    args={'key': 'value'}
)
```

define_py_data_sources2 函数主要用来对接 data_provider，其中 train_list 和 test_list 参数用来确定 train.list 和 test.list 的文件位置。module 参数用来确定 data_provider，而 obj 参数用来确定被 provider 装饰的数据处理函数。若训练和测试使用不同的 process 函数，则需要分开指定数据处理函数。最后的 args 函数用来存储一个用户自定义参数，自定义参数可以在 data_provider 中获取到，稍后会详细介绍如何使用 args 参数传递参数。

大家可能对 train.list 和 test.list 文件有些疑惑，这两个文件是用来做什么的呢？回到最初定义的 process 函数，发现我们已经填写了 filename 文件名参数，但并没有直接去调用这个 process 函数，而是用 PaddlePaddle 代替我们调用，那么 PaddlePaddle 是如何知道数据集文件在哪儿的呢？这就要依靠 train.list 和 test.list 文件了。train.list 和 test.list 文件用来指定数据集文件的路径，PaddlePaddle 在加载数据时，会先从 train.list 文件读取文件路径，然后利用 process 加载数据，一切就绪后便可以开始训练了。

在模型配置中，还需要在神经网络中接入我们的数据。

```
data = data_layer(
    name='data',
    size=7
)

label = data_layer(
    name='label',
    size=10
)
```

至此，就完成了简单的数据读取并加载至神经网络模型的一切工序。

我们通过装饰器 provider 定义了数据类型和大小，这是一种简单的定义方式，但有些情况下，这种方式会很受局限。例如，我们输入的数据是变动的，而直接在装饰器确定数据将无法使之再变化，此时可以使用一种新的定义方式来完成。

假设我们的模型输入数据在不同场景下会有所变动。例如，在 A 情况下，输入为 data_1、data_2 以及 Label；而在 B 情况下，输入变为 data_1、Label。PaddlePaddle 提供了 init hook 之类的方法来定义数据格式。

```
def init_hook(settings, custom_type, **kwargs):
```

```
    settings.custom_type = custom_type

if custom_type == 'A':
    settings.input_types = {
        'data_1': dense_vector(20),
        'data_2': dense_vector(20),
        'label': integer_value(10)
    }
elif custom_type == 'B':
    settings.input_types = {
        'data_1': dense_vector(20),
        'label': integer_value(10)
    }
```

custom_type 是人为设定的参数，用来确定使用场景。如前所述，在 A、B 两个不同场景中有着不同的输入数据类型，可以通过设置 settings 的 input_types 参数来确定。同时，也可以将 custom_type 参数动态添加到 settings 上，以便后面可以通过 settings 获取 custom_type 参数。

process 函数定义如下：

```
@provider(init_hook=init_hook)
def process(settings, filename):

    if settings.custom_type == 'A':
        data, label = load_dataset()
        # 假设:
        # data_1 => data['data_1']
        # data_2 => data['data_2']
        for data_pair in zip(data, label):
            yield {
                'data_1': data_pair[0]['data_1'],
                'data_2': data_pair[0]['data_2'],
                'label': data_pair[1]
            }
    else:
        data, label = load_dataset()
        yield {
            'data_1': data_pair[0],
            'label': data_pair[1]
        }
```

在 provider 装饰器中利用 init_hook 指定我们定义的 init_hook 函数就可以了，同时，还可以在 process 中将访问动态添加到 settings 的参数 custom_type 上。

前面提到了在 define_py_data_sources2 中有一个 args 参数，这个参数可以将一个字典传递到 data_provider，也就是传递到 init_hook 方法里。在上面定义的 init_hook 方法中，有一个 custom_type 参数传入，这个参数利用的便是 args 参数。

```
define_py_data_sources2(
    train_list='train.list',
```

```
    test_list='test.list',
    module='data_provider',
    obj='process',
    args={'custom_type': 'A'}
)
```

至此，我们已经能够实现自己的 data_provider 了，而且可以利用多种方式实现。下面介绍一些常用的数据类型，PaddlePaddle 的 V1 和 V2 两个版本共用一套数据类型定义。

dense_vector	稠密浮点向量类型
integer_value	整型标量
sparse_binary_vector	稀疏二元向量
sparse_float_vector	稀疏浮点向量

PaddlePaddle 中提供了对应的序列类型，序列和简单的向量在结构和形式上有一定区别，而且序列的使用场景较为特殊，在循环神经网络中将会详细讲解序列有关的问题。

dense_vector_sequence	稠密浮点向量序列	[[2,3,4,],[5,6,7],[8,9,10],...]
integer_value_sequence	整型标量序列	[1,2,3,4,.....]

其他两种可以进行类比，即将原本的单一向量数据集合成一组向量，新得到的序列长度可以变化，即变长序列，但序列内的每一个值或者向量要有确定的范围或者长度。

Provider 装饰器除了定义输入数据类型或者定义初始化函数，还可以添加 cache 处理。

```
@provider(
    input_types={
    'data': dense_vector(7),
    'label': integer_value(10)
    },
    cache=CacheType.CACHE_PASS_IN_MEM
)
```

使用 cache 参数可以确定 cache 配置。

NO_CACHE	不缓存数据，每个 Pass 开始时需要重新在内存中读取数据。
CACHE_PASS_IN_MEM	缓存数据到内存中，第一个 Pass 读完数据后，其他 Pass 才可以直接从内存中获取。

若需要进一步了解 PaddlePaddle V1 的 DataProvider，则可以参考 Python 中 PaddlePaddle 包的 PyDataProvider2.py 文件去深入研究。

2. PaddlePaddle V2

PaddlePaddle V2 改变了之前版本的数据读取方式，采用了一种新的 reader 机制，在使用 V2 时，无须考虑装饰器 provider，也不用再到模型配置文件中定义 define_py_data_sources。在准备数据时，只需将数据读取出来，然后利用 yield 构造一个生成器即可。

还是使用我们最开始设定的数据，使用 PaddlePaddle V2 的 reader 机制来提供数据。

```
def create_reader(filename):

    def reader():
        # read data from dataset file
        data, label = load_dataset(filename)

        for data_pair in zip(data, label):
            # data pair[0] => data
            # data_pari[1] => label
            yield data_pair[0], data_pair[1]

    return reader
```

这种定义方式比之前使用 provider 装饰器进行定义简单了许多，只需完成处理数据，然后构造出一个生成器即可实现 reader。

在模型训练部分，依然需要将数据接入到模型中。

```
import paddle.v2 as paddle

data = paddle.layer.data(
    name='data',
    type=paddle.data_type.dense_vector(7)
)

label = paddle.layer.data(
    name='label',
    type=paddle.data_type.integer_value(10)
)
```

使用 reader 读取文件时，我们并没有考虑数据的格式与大小，而是直接读取出来就通过 reader 传送给了模型。V2 版本中，reader 数据定义与网络模型中的数据定义整合到了一起，使用时，只需在 data 层的 types 参数定义好数据类型和大小即可。正式读取数据时，PaddlePaddle 会进行匹配。如果提供的数据和预先定义的数据类型和大小不一致，则会报错并停止训练。

reader 每次提供一组数据，而训练时往往计算的是一批数据，因此需要将 reader 封装成 batch reader。

```
raw_reader = create_reader('filepath')

batch_reader = paddle.batch(
    reader=raw_reader,
    batch_size=128
)
```

首先调用 create_reader 构造 reader 生成器，然后利用 PaddlePaddle 提供的 batch 方法。

在 V1 中，可以使用 key-value 的形式来标注数据，在 V2 中依然可以使用这种方式，不过用的是 feeding。

```
feeding = {
    'data': 0,
    'label': 1
}
```

PaddlePaddle V2 需要构造一个 trainer 来配置并执行训练，执行 train 时需要提供 batch reader 和 feeding。

```
trainer = paddle.trainer.SGD(....)

trainer.train(
    reader=batch_reader,
feeding=feeding,
num_passes=10
)
```

完成这些后，V2 版本的数据就成功接入了。与 V1 版相比，这样的 Reader 机制更加简洁易用。

V2 版的数据类型与 V1 版的相同，只是需要注意由于接口变化，数据类型被归到了 paddle.data_types 里，使用方式与 V1 版的一模一样。

4.4　模型配置

在研究或者应用中，除关注数据处理方面外，更多的是需要设计并改进算法模型。在深度学习中，通常使用深度神经网络来解决问题，我们的模型更多的是以神经网络为基础，在其之上进行拓展。我们的主要任务是利用数据来训练模型，模型是整个任务的核心，也是最重要的部分。对于理论上研究出来的框架模型，需要将其实现并验证我们的理论研究。PaddlePaddle 中，模型配置主要用来构建深度神经网络模型，利用框架提供的组件（Network 或者 Layer）来实现我们的模型。

模型配置一般分为神经网络配置、损失计算和优化算法配置。神经网络配置主要是用 PaddlePaddle 来实现神经网络结构，包括简单的深层神经网络、卷积神经网络、循环神经网络或者更复杂的设计。而损失计算是将神经网络输出与标准值（Groundtruth）进行对比，计算两者的误差，然后利用误差优化模型参数。在损失定义好之后，我们需要选择合适的优化函数，对于不同的场景，不同优化函数的性能存在差异。通常优化函数涉及优化方法的一些参数配置以及学习率的选择。对于模型配置，我们可以按照这个流程来完成。

PaddlePaddle 在训练时会将模型配置转为 proto 进行存储使用，这也是 PaddlePaddle 对

protobuf 库有一定要求的原因。

4.4.1　PaddlePaddle V1 的模型配置

PaddlePaddle V1 需要使用 trainer_config_helpers 来添加配置。trainer_config_helpers 中已经包含了 PaddlePaddle 中的 layer、networks、optimizers 以及 activations 等几乎所有的接口，可以直接调用，不需要再去导入其他库或者文件。

定义神经网络时，我们需要关注网络的参数，如网络的输入（input）、输出大小（size）及激活函数（act），此外，还可以定义每一层的名称（name），定义的名称会在保存参数时以名称作为 key 来存取。对于初始化参数和偏置，PaddlePaddle 已经默认进行了正态初始化，如果需要自己去初始化参数，则可以去修改参数（param_attr 和 bias_attr）。

添加输入数据和 Label，输入数据和 Label 都是利用 data_layer 进行导入的，我们需要指定其 name 以及 size，获取输入数据是网络配置的起点。

```
data = data_layer(
    name='data',
    size=10
)
label = data_layer(
    name='label',
    size=10
)
```

添加网络，注意确定输入、输出大小以及 Layer 的激活函数，默认激活函数为 Tanh 函数。

```
fc_1 = fc_layer(
    input=data,
    size=64,
    act=SigmoidActivation()
)

fc_2 = fc_layer(
    input=fc_1,
    size=10,
    act=SoftmaxActivation()
)
```

添加了两层全连接网络，也就是进行最简单的矩阵乘法，然后与偏置求和，再通过激活函数进行激活：

$$y = f(Wx + b)$$

这样，最简单的网络就构建好了，输出层为 fc_2，输出一个 1×10 的 Softmax 向量，接下来是计算损失。

计算损失的方式有多种，典型的有 MSE（Mean Square Error，均方误差）、classification_cost 等。

```
loss = mse_cost(
    input=fc_2,
    label=label
)
```

获取损失后，接下来就要利用损失来修正模型参数，并优化模型，因此还需要定义优化方法。在 PaddlePaddle 里已经封装好了各种优化方法，并且实现了误差反向传播和梯度计算，我们只需指定特定优化方法，设定参数，PaddlePaddle 就会按照我们的设定来训练了。

在 PaddlePaddle V1 中训练算法和一些参数时需要通过 settings 来设定，其中 learning_rate 用来设定学习率，learning_method 用来确定优化方法。

```
settings(
    batch_size=16,
    learning_rate=0.001,
    learning_method=MomentumOptimizer(0.9)
)
```

此时，我们已经完成了网络模型的构造、损失计算以及优化算法配置，再需要一行代码就可以让整个模型开始训练了。

```
outputs(loss)
```

outputs 会构建网络计算图，此时可以调用 PaddlePaddle 的命令行进行训练。可见，利用 PaddlePaddle V1 提供的接口构建模型非常容易，但并不意味着 PaddlePaddle 的功能仅限于此，我们还可以添加自定义配置。

1. 初始化参数和偏置

前面提到，PaddlePaddle 已进行参数初始化和偏置默认初始化，但如果想要自己定义参数初始化，则可以使用 ParameterAttribute 来设定。例如，创建一个 [-1.0, 1.0] 均匀分布的初始化参数。

```
fc_2 = fc_layer(
    input=fc_1,
    size=10,
    act=SoftmaxActivation(),
    param_attr=ParameterAttribute(
        name='param_0',
        initial_min=-1.0,
        initial_max=1.0
    )
)
```

ParameterAttribute 参数：

is_static	参数是否在训练时固定
initial_std	正态分布标准差
initial_mean	正态分布均值
initial_min	均匀分布最小值
initial_max	均匀分布最大值
l1_rate	L1 正则化因子
l2_rate	L2 正则化因子
learning_rate	参数学习率
gradient_clipping_threshold	梯度截断值
momentum	参数动量因子

注意

参数真实学习率并不是我们在 ParameterAttribute 中设定的值，而是与全局学习率的乘积：learning_rate = global_learning_rate x parameter_learning_rate。

偏置的初始化或者属性依然使用 ParameterAttribute 来决定。

2. 添加 Layer 属性

```
fc_1 = fc_layer(
    input=data,
    size=64,
    act=SigmoidActivation(),
    bias_attr=ParameterAttribute(
        name='bias_0',
        initial_mean=0,
        initial_std=0.1
    ),
    layer_attr=ExtraLayerAttribute(
        drop_rate=0.5,
        device=0
    )
)
```

对于单层 Layer 的属性，可以使用 layer_attr 来设定，其中 drop_rate 用来设定该层 dropout 比例，device 用来规划设备，在 deviceID 设备上进行计算。

3. 完善优化算法

在介绍优化算法配置时，我们只考虑了学习率和优化算法，但其实还可以添加很多辅助手段来优化我们的模型，如 L2、L1 正则化、梯度截断及学习率衰减。

Settings 参数说明：

batch_size	batch 大小
learning_rate	学习率
learning_rate_decay_a	学习率衰减参数 a
learning_rate_decay_b	学习率衰减参数 b
learning_rate_schedule	衰减方式
learning_method	优化方法
regularization	正则化选项
gradient_clipping_threshold	梯度截断阈值
model_average	模型平均优化

对于学习率衰减，可用以下公式表示。

（1）若 learning_rate_schdule=constant，则学习率不进行衰减。

（2）若 learning_rate_schdule=poly，则学习率以多项式的形式进行衰减：

$$lr = lr \times (1 + a \times \mathrm{nums})^{-b}$$

其中，nums 表示处理的样本数。

（3）若 learning_rate_schdule=exp，则使用指数的方式进行衰减：

$$lr = lr \times a^{\frac{\mathrm{nums}}{b}}$$

（4）若 learning_rate_schdule=discexp，则使用离散指数（Discrete Exp）进行衰减：

$$lr = lr \times a^{\left\lceil \frac{\mathrm{nums}}{b} \right\rceil}$$

（5）若 learning_rate_schdule=linear，则使用现行方式进行衰减：

$$lr = \max(lr - a \times \mathrm{nums}, b)$$

此外，regularization 还可以用来确定正则化方式，如 L1 正则化或者 L2 正则化。

4.4.2　PaddlePaddle V2 的模型配置

PaddlePaddle V2 的配置思路与 V1 版本相同，而且 V2 部分接口是基于 V1 的封装，因此在掌握 V1 的模型配置后，可以快速掌握 V2 版本的模型配置。同样，我们会从网络配置、损失计算、优化算法三步来完成。

输入数据，定义数据类型、大小，作为网络模型的起点。

```
data = paddle.layer.data(
    name='data',
    type=paddle.data_type.dense_vector(10)
)

label = paddle.layer.data(
    name='label',
    type=paddle.data_type.integer_value(10)
)
```

使用 layer 构建简单网络：

```
fc_1 = paddle.layer.fc(
    input=data,
    size=64,
    act=paddle.activation.Sigmoid()
)

fc_2 = paddle.layer.fc(
    input=fc_1,
    size=10,
    act=paddle.activation.Softmax()
)
```

在 V2 中，PaddlePaddle 模块化更加明显，V1 中的 trainer_config_helpers 将所有的模块聚合到了一起，调用起来十分方便，而 V2 中则需要明确模块。例如，fc 在 layer 里，Softmax 在 activations 内。

调用参数名与 V1 版本相同。

计算损失：

```
loss = paddle.layer.mse_cost(
    input=fc_2,
    label=label
```

同样，需要考虑优化算法：

```
optimizer = paddle.optimizer.Momentum(
    learning_rate=0.001,
    momentum=0.9
)
```

在构建优化算法后，需要创建模型参数，因为优化算法最终优化的还是模型参数。PaddlePaddle V2 中采用构造 trainer 的方式来优化模型，获取 loss、参数，以及我们提供的优化方法来训练优化。

```
parameters = paddle.parameters.create(loss)

trainer = paddle.trainer.SGD(
    cost=loss,
    parameters=parameters,
    update_equation=optimizer
```

```
)
```

至此，我们就成功配置好了 V2 的网络模型和算法，接着调用 trainer 的 train 函数就可以开始训练了。相比于 V1，V2 版本的结构更加符合我们对深度学习的认知。

同样，V2 版本也可以有很多自定义操作。

（1）添加自定义参数：

```
fc_1 = paddle.layer.fc(
    input=data,
    size=64,
    act=paddle.activation.Sigmoid(),
    param_attr=paddle.attr.Param(
        initial_std=0.01,
        initial_mean=0.
    ),
    bias_attr=paddle.attr.Param(
        initial_min=-1.,
        initial_max=1.0
    )
)
```

（2）添加 layer 参数：

```
fc_2 = paddle.layer.fc(
    input=fc_1,
    size=10,
    act=paddle.activation.Softmax(),
    layer_attr=paddle.attr.Extra(
        drop_rate=0.4
    )
)
```

PaddlePaddle V2 中依旧可以添加类似于 V1 settings 中的参数，只不过没有 settings 函数了，而是在相应的优化方法初始化时利用参数添加：

```
optimizer = paddle.optimizer.Momentum(
    learning_rate=0.001,
    momentum=0.9,
    regularization=paddle.optimizer.L2Regularization(5e-4),
    gradient_clipping_threshold=10
)
```

V2 的各种优化函数都继承于一个 Optimizer 类，而 Optimizer 的构建依赖于 V1 版本的 settings 函数来传递参数，因此我们在 V1 归纳的那些重要参数在 V2 中依然可以使用。

4.5 激活函数

激活函数作用于每一个神经元，每个神经元在接收到输入信号时，会对输入进行一些处理

（如加权求和），然后通过一个特殊的函数，获得一个输出值，这个输出值就是该神经元的激活值，而该特殊函数就是神经元的激活函数。

神经网络与感知机的一大区别就是神经网络存在非线性激活函数。神经网络之所以能够解决很多非线性问题，很大程度上依赖于非线性激活函数。激活函数的选择在深度神经网络中对结果的影响很大，因此，在学习深度学习时，了解每一种激活函数可以在今后实践或者研究中更好地运用它们，如图 4.1 所示。

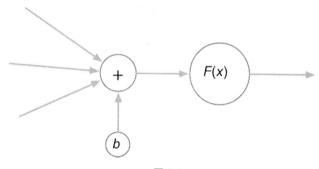

图 4.1

1. Linear 函数

线性激活函数在感知机中运用较多，输入和输出满足线性关系。数学表达式如下：

$$y = ax + b$$

PaddlePaddle V1 接口：

```
paddle.trainer_config_helpers.activations.LinearActivation()
```

PaddlePaddle V2 接口：

```
paddle.v2.activation.Linear()
```

线性激活函数对于非线性问题并不是很适合。

2. Sigmoid 函数

Sigmoid 是一类常见的非线性激活函数，在机器学习中有一种学习算法叫 Logistic 回归，Sigmoid 是一种很好的阶跃函数。当 $x = 0$ 时，$y = 0.5$ 正好处于均值。当 x 正向增大时，y 随着 x 增大而增大，趋势逐渐变得缓慢，最终趋于 1；当 x 负向增大时，y 趋向 0。函数表达式如下：

$$y = \frac{1}{1 + \mathrm{e}^{-x}}$$

Sigmoid 函数曲线如图 4.2 所示。

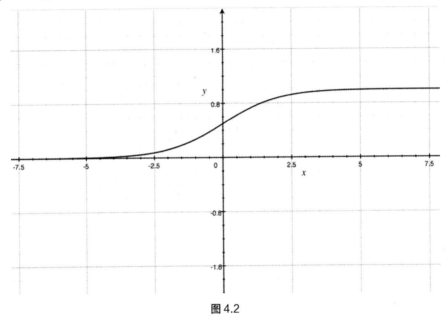

图 4.2

在 Logistic 回归分类中，每个特征与相应的权重相乘然后将结果累加，代入 Sigmoid 函数中，得到的值映射在 0~1 之间。大于 0.5 的值可以归入"1"类，小于 0.5 的值归入"0"类，这样就很方便地完成了回归分类。

在神经网络中，Sigmoid 函数依然具有这样的特性，而且为单调函数，在神经网络中有着广泛的应用。

PaddlePaddle V1 接口：

```
paddle.trainer_config_helpers.activations.SigmoidActivation
```

PaddlePaddle V2 接口：

```
paddle.v2.activation.Sigmoid
```

Sigmoid 函数的 0~1 分布特性固然很好，但 Sigmoid 函数存在一些问题，其中最重要的就是其增长速率。当 x 较大时，Sigmoid 函数对于 x 的增量几乎没有变化，而对于梯度下降算法，这种情况很容易造成梯度特别小，甚至会存在梯度趋于 0 的情况。此时，我们的优化算法将很难有合适的梯度去优化误差，这种情况叫作梯度消失（Gradient Vanishing）。Sigmoid 的这种变化特别容易造成梯度消失，因此需要好的激活函数来替代它。

3. Tanh 函数

Tanh 函数和 Sigmoid 函数相比，很明显的区别就是 Tanh 函数关于原点对称，均值为 0，如图 4.3 所示。在实验中，其收敛速度优于 Sigmoid 函数。Tanh 函数表达式如下：

$$y = \tanh(x) = \frac{e^x + e^{-x}}{e^x + e^{-x}}$$

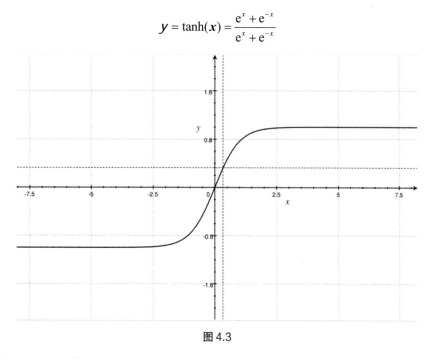

图 4.3

PaddlePaddle V1 接口：

```
paddle.trainer_config_helpers.activations.SigmoidActivation
```

PaddlePaddle V2 接口：

```
paddle.v2.activation.Sigmoid
```

Tanh 函数与 Sigmoid 函数存在同样的问题，即随着 x 的增长，输出逐渐趋向一种饱和态，进而出现梯度消失。

4. ReLU 函数

上面提到的 Sigmoid 函数和 Tanh 函数均存在梯度消失现象，会导致神经网络模型无法训练。Hinton 在 2010 年 ICML 论文中提出了 ReLU（Rectified Linear Unit，修正线性单元）。ReLU 函数与上述激活函数相比不存在饱和区域，同时也具有非线性性质，有效减弱了梯度消失的问题，而且训练速度优于 Tanh 函数，如图 4.4 所示。

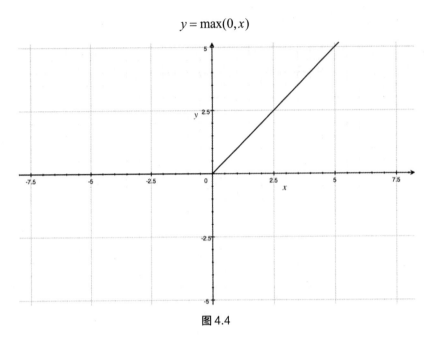

$$y = \max(0, x)$$

图 4.4

此外，ReLU 函数具有稀疏性，在训练过程中，如果学习率太高，有些神经元会因为输出为 0，即相当于被抑制而出现"神经元死亡"的现象，权重无法更新，而且该神经元无法再次激活，容易造成数据特征流失。使用 ReLU 函数时，要注意学习率的选择，降低死亡率。在现在的研究中，ReLU 函数无处不在，其函数表达式为：

PaddlePaddle V1 接口：

```
paddle.trainer_config_helpers.activations.ReluActivation
```

PaddlePaddle V2 接口：

```
paddle.v2.activation.Relu
```

5. Softmax 激活函数

对于分类问题，一般情况下利用置信度（Confidence）来衡量未知物体是否属于某个已知类别。在神经网络中，通常使用 Softmax 输出层，在全连接网络的末端，加上一层 Softmax 输出层可以获取固定类别的概率，每个输出神经元的概率可用归一化的指数形式计算，Softmax 激活函数公式如下：

$$y_i = \frac{\mathrm{e}^{x_i}}{\sum_{k=1}^{n} \mathrm{e}^{x_k}}$$

其中x_i为每一个 Softmax 层神经元经过加权和偏置后的值，利用指数函数可以很明显地区分开每个类的概率。

PaddlePaddle V1 接口：

```
paddle.trainer_config_helpers.activations.SoftmaxActivation
```

PaddlePaddle V2 接口：

```
paddle.v2.activation.Softmax
```

除此之外，PaddlePaddle 还提供了很多其他类型的激活函数，但对于模型中激活函数的选择，还是需要通过实验去验证，寻找最优的一种。

6. STanh 激活函数

STanh（Scaled Tanh）激活函数是 Tanh 函数的一个变种，通过 XY 轴两个方向的伸缩变换实现了归一化，可以有效处理饱和区域，降低梯度消失的概率，很好地解决了 Tanh 函数的问题，如图 4.5 所示。其表达式为：

$$STanh(x) = 1.7159 tanh\left(\frac{2}{3}x\right)$$

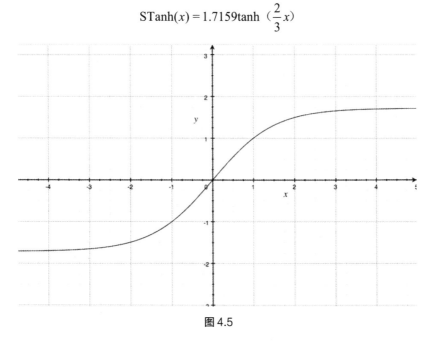

图 4.5

PaddlePaddle V1 接口：

```
paddle.trainer_config_helpers.activations.STanhActivation
```

PaddlePaddle V2 接口：

```
paddle.v2.activation.STanh
```

7. SquareActivation 函数（平方激活函数）

平方激活函数：

$$f(x) = x^2$$

PaddlePaddle V1 接口：

```
paddle.trainer_config_helpers.activations.SquareActivation
```

PaddlePaddle V2 接口：

```
paddle.v2.activation.Square
```

4.6 优化方法

在深度学习训练中，我们的主要目标是让模型更加拟合实际问题，也就是让 Hypothesis（假设）$h(x)$更接近真实的 $f(x)$，对于这个问题，我们需要建立数学模型进行求解：

$$\min L(x) = \min \sum_{i=1}^{N} (f(x_i) - h(x_i))^2$$

$L(x)$就是我们建立的一个目标函数，通过数据和模型学习得到$h(x)$，使得$L(x)$能够达到其最小值，这就是我们的最终目的。但如何去完成这个最优任务，就是本节需要讨论的一个问题，下面将介绍多种深度学习优化方法来帮助我们训练模型。

1. 梯度下降算法

梯度下降算法（Gradient Descent），顾名思义，这是一种利用计算梯度的方式来进行优化的方法。梯度下降算法几乎是目前所有优化算法的基础，由此衍生出来的有随机梯度下降等优化算法。

为了更好地理解深度学习的优化和训练过程，我们不妨从最简单的梯度下降算法学起。

我们知道，函数变化最快的方向就是梯度的方向。对于单变量函数，可以直接求导数来获取梯度，而我们通常面临的优化问题是对于多个变量的，因此，偏导数更常见。

利用梯度和偏导数，可以构造一个假设函数$f(x; \boldsymbol{\theta})$参数的优化方程：

$$L = \frac{1}{n} \sum_{i=1}^{n} \left[y_i - f(x_i; \boldsymbol{\theta}) \right]^2$$

$$w = w - \eta \frac{\partial L}{\partial w}$$

其中 L 为假设函数相对于真实情况的损失函数，η 为模型的学习率，可以理解为参数每次移动的一个步长。利用上述原理与我们的数据即可对假设函数进行优化，如图 4.6 所示。

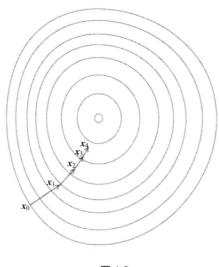

图 4.6

梯度下降算法：

输入 (x_i, y_i)，假设函数为 $f(x; \boldsymbol{\theta})$，学习率为 η。

（1）计算损失 $L(x; \boldsymbol{\theta}) = \frac{1}{2n} \sum_1^n [y_i - f(x_i)]^2$。

（2）计算每个参数 θ 对应的梯度：

$$\frac{\partial \mathrm{L}}{\partial \boldsymbol{\theta}_j} = -\frac{1}{n} \sum_{i=1}^{n} [y_i - f(x_i)] x_i$$

（3）参数更新：

$$\boldsymbol{\theta}_j^* = \boldsymbol{\theta}_j + \eta \frac{1}{n} \sum_{i=1}^{n} [y_i - f(x_i)] x_i$$

（4）重复步骤（1）、（2）、（3），直至参数均收敛到一个值（参数不再更新）。

输出：预测模型 $f(x; \boldsymbol{\theta})$。

2. 随机梯度下降算法

随机梯度下降算法（Stochastic Gradient Descent，SGD）是梯度下降的一个改进版，原始的梯度下降在训练优化时需要计算所有样本，对于数据集特别大的情况，性能会特别差为解决这一问题，随机梯度下降算法出现了。

随机梯度下降算法：

输入数据样本 D (x_i, y_i)，假设函数为 $f(x; \theta)$，学习率为 η。

（1）初始化参数向量 $\boldsymbol{\theta}$。

（2）重复以下步骤：

① 随机打散（Shuffle）数据集 D。

② *for m = 1, 2, 3, …, n do*

③ 更新参数 $\theta := \theta - \eta \frac{\partial L}{\partial \theta}$

（3）直到达到最优。

输出：预测模型 $f(x; \boldsymbol{\theta})$。

随机梯度下降算法可以运用少量样本达到最优解，相比于原始的梯度下降算法，随机梯度下降算法速度更快，但此算法容易达到局部最小，准确率不如原始的梯度下降算法。由于其具有随机性，因此迭代收敛过程盲目。

3. 最小批次梯度下降算法

对比随机梯度下降算法和梯度下降算法，会发现选择优化算法陷入了一个进退两难的境地，要想使准确率提高，性能会有很大损失；若要性能提高，准确率又无法保证。因此，需要一种折中的方法。

最小批次梯度下降算法（Mini-Batch Gradient Descent，SGD）结合两者优点，每次迭代使用一个批（Batch）的数据进行梯度计算。

最小批次梯度下降算法：

输入数据样本 D (x_i, y_i)，假设函数为 $f(x; \boldsymbol{\theta})$，学习率为 η，Batch Size m。

（1）初始化参数向量 $\boldsymbol{\theta}$。

（2）重复以下步骤：

for k = 1, 2, 3, ..., *n do*

使用 *m* 个样本点更新参数 $\boldsymbol{\theta} := \boldsymbol{\theta} - \eta \frac{\partial L}{\partial \boldsymbol{\theta}}$。

（3）直到达到最优。

输出：预测模型 $f(x; \boldsymbol{\theta})$。

其中，BatchSize 指的是每次迭代中用来计算梯度的样本数量，最小批次梯度下降算法将一个数据集分成了多份，每次迭代选取其中的一份进行计算优化。

下面对比这三种优化方法，如表 4.1 所示。

表 4.1

优化方法	数据集使用情况	性 能
梯度下降算法	所有数据	最慢
随机梯度下降算法	部分数据	最快
最小批次梯度下降算法	所有数据	居中

现在，我们通常用最小批次梯度下降算法，替代原始的随机梯度下降算法。

SGD 用途广泛，算法简单易懂，而且可以很好地实现分布式与并行梯度计算，大大提高了优化的速度。

然而，SGD 并不是最完美的优化算法，单纯地用梯度去优化模型很容易陷入局部最优的状况，导致模型很难再去优化，针对这个问题，又提出了改良算法。

PaddlePaddle V1 中提供了 SGD 算法的 API：

```
paddle.trainer_config_helpers.optimizers.BaseSGDOptimizer
```

4. Momentum

Momentum 意为"动量"，物体运动过程中会存在动量，对于前面提到的局部最小区域，假设一个"小球"从高处滑落到了局部最小，利用物理知识中动量守恒定律与能量守恒定律习知，小球可以成功越过局部最小，继续下滑，最终达到全局最小。

如何将 Momentum 与优化算法结合起来呢？

在 SGD 算法（Mini Batch Gradient Descent）基础之上引入动量：

$$\Delta \theta_t = \mu \Delta \theta_{t-1} + \eta \frac{\partial l}{\partial \theta}$$

$$\theta_t = \theta_{t-1} - \Delta\theta_t$$

其中，参数 μ 是我们引入的动量因子，取值一般在 0.9～0.99 之间。加入动量项可以加速更新过程，此外，当接近局部最小时，通过振荡作用，可以跳出局部最小继续下降。

PaddlePaddle V1 Momentum 算法：

```
paddle.trainer_config_helpers.optimizers.MomentumOptimizer(momentum=None, sparse=False)
```

PaddlePaddle V2 Momentum 算法：

```
paddle.v2.optimizer.Momentum(momentum=None, sparse=False)
```

5. 自适应梯度算法（Adagrad）

自适应梯度算法（Adagrad）全称为 Adaptive Gradient，它基于梯度计算，对每个参数自适应不同的学习率。对于稀疏特征，Adagrad 将采用较大的学习率进行参数更新；而对于非稀疏的特征，Adagrad 将采用较小的学习率进行学习更新。Adagrad 在学习率上的灵活性带来了极大的便利性，如若使用基本的 SGD，则学习率的选择是一件很棘手的事情。

Adagrad 在 SGD 的基础上同样对参数更新做出改进。

自适应梯度算法：

输入学习率 η。

（1）利用 SGD 算法计算当前梯度值：$g_t = \frac{\partial L}{\partial \theta}$

（2）计算累计梯度：$r_t = r_{t-1} + g_t^2$

（3）计算参数更新值：

$$\Delta\boldsymbol{\theta} = \frac{\eta}{\sqrt{r_t + \epsilon}} * g_t$$

（4）更新参数：$\boldsymbol{\theta}_t = \boldsymbol{\theta}_{t-1} - \Delta\boldsymbol{\theta}$

输出预测模型 $f(x;\boldsymbol{\theta})$。

其中，ϵ 是一个辅助参数，避免累积梯度为 0 时无法求得参数更新值。改进的学习率对梯度变化敏感。对于梯度较小的参数，自适应梯度算法可以提高学习率；而对于梯度较大的参数，自适应梯度算法会相应地提高分母值，从而使得学习率下降。

PaddlePaddle V1 Adagrad 算法：

```
paddle.trainer_config_helpers.optimizers. AdaGradOptimizer()
```

PaddlePaddle V2 Adagrad 算法：

```
paddle.v2.optimizer. AdaGrad()
```

尽管学习率可以在训练中达到自适应的效果，但仍旧依赖于人为设置的学习率。

其次，Adagrad 算法的学习率随着训练过程的继续会逐渐递减，梯度乘积项非负，越加越大，最后导致学习率趋于 0，无法继续训练。

6. Adadelta 算法

Adadelta 算法是对 Adagrad 算法的改进。Adadelta 的学习率自适应性质也是通过计算累积梯度实现的，但与 Adagrad 那种直接梯度平方累加的方式不同，Adadelta 采用一种取平均的方式来得到累积梯度和：

$$r_t = \rho r_{t-1} + (1-\rho)g_t^2$$

$$E\left|g^2\right|_t = \rho E\left|g^2\right|_{t-1} + (1-\rho)g_t^2$$

其中 ρ 是一个衰减系数，利用衰减系数可以使得梯度平方和随时间衰减，这样只有邻近时刻的梯度才会对当前学习率产生较大影响，而早期的梯度值对学习率随时间消失了。通过这种方式，学习率就不会一直随训练的进行而衰减到 0 了。

在 Adadelta 算法中，对于学习率的依赖减弱了，通过近似牛顿迭代法得到参数更新。

$$\Delta x_t = \frac{\sqrt{\sum_{r=1}^{t-1}\Delta x_r}}{\sqrt{E\left|g^2\right|_t} + \varepsilon}$$

Adadelta 算法：

输入衰减参数 ρ，常数 ϵ。

（1）利用 SGD 计算当前梯度值：　$g_t = \frac{\partial L}{\partial x}$

（2）计算累计梯度：

$$E\left|g^2\right|_t = \rho E\left|g^2\right|_{t-1} + (1-\rho)g_t^2$$

（3）计算参数更新值：

$$\Delta \pmb{x}_t = \frac{\sqrt{\sum_{r=1}^{t-1}\Delta \pmb{x}_r}}{\sqrt{E\left|g^2\right|_t}+\varepsilon}$$

（4）更新参数：$x_t = x_{t-1} - \Delta x$。

输出预测模型 $f(x; \pmb{\theta})$。

PaddlePaddle V1 Adadelta 算法：

```
paddle.trainer_config_helpers.optimizers.AdaDeltaOptimizer (
rho=0.95, epsilon=1e-06)
```

PaddlePaddle V2 Adadelta 算法：

```
paddle.v2.optimizer.paddle.v2.optimizer.AdaDelta(rho=0.95,
epsilon=1e-06, **kwargs)
```

其中，参数 rho 表示衰减系数 ρ，epsilon 为辅助参数 ϵ。

7. RMSProp 算法

RMSProp （Root Means Square Propagation）算法与 Adagrad 算法一样，学习率是自适应的，对于累积梯度平方的计算方法与 Adadelta 算法相同，但在 RMSProp 算法中仍旧保留了全局学习率。

累积梯度计算：

$$E\left|g^2\right|_t = \rho E\left|g^2\right|_{t-1} + (1-\rho)g_t^2$$

参数更新：

$$\Delta \pmb{\theta} = \frac{\eta}{\sqrt{E\left|g^2\right|_t}+\varepsilon}g_t$$

PaddlePaddle V1 RMSProp 算法：

```
paddle.trainer_config_helpers.optimizers. RMSPropOptimizer(
rho=0.95, epsilon=1e-06)
```

PaddlePaddle V2 RMSProp 算法：

```
paddle.v2.optimizer.RMSProp(rho=0.95, epsilon=1e-06, **kwargs)
```

8. Adam 优化算法

Adam（Adaptive Moment Estimation）优化算法可以看成是将 Momentum 算法和 RMSProp 算法结合起来，利用梯度的一阶矩和二阶矩来动态调整参数的学习率。

Adam 优化算法：

输入：

学习率η　（建议 0.001）。

矩估计衰减指数β_1和β_2，在区间[0,1]（建议 0.9 和 0.999）。

数值稳定常数$\boldsymbol{\delta}$（建议 0.00000001）。

初始参数$\boldsymbol{\theta}$。

（1）初始化一阶矩和二阶矩：$s = 0$，$r = 0$。

（2）初始化时间 $t = 0$。

While　未满足收敛条件：

① 利用 SGD 算法计算当前梯度值：　$g_t = \dfrac{\partial L}{\partial x}$

② $t = t + 1$。

③ 更新一阶矩估计：

$$s = \beta_1 s + (1 - \beta_1)\, g_t$$

④ 更新二阶矩估计：

$$r = \beta_2 r + (1 - \beta_2)\, g_{tr}^2$$

⑤ 修正一阶矩估计：

$$s = \frac{s}{1 - \beta_1^2}$$

⑥ 修正二阶矩估计：

$$r = \frac{r}{1 - \beta_2^2}$$

⑦ 计算参数更新：

$$\Delta\boldsymbol{\theta} = -\eta\,\frac{s}{\sqrt{r} + \delta}$$

⑧ 更新参数：

$$\boldsymbol{\theta}_t = \boldsymbol{\theta}_{t-1} - \Delta\boldsymbol{\theta}_t$$

end While

输出预测模型 $f(x; \boldsymbol{\theta})$。

PaddlePaddle V1 Adam 优化算法:

```
paddle.trainer_config_helpers.optimizers.AdamOptimizer(beta1=0.9,
beta2=0.999, epsilon=1e-08)
```

PaddlePaddle V2 Adam 优化算法:

```
paddle.v2.optimizer.Adam(beta1=0.9, beta2=0.999, epsilon=1e-08,
**kwargs)
```

API 中参数分别对应于衰减指数: β_1, β_2。

9. Adamax 算法

Adamax 算法是 Adam 优化算法的变体,其中将二阶矩替换成了 exponentially weighted infinity norm(指数加权无穷范数),思想与 Adam 算法相同,详情可以参考 *ADAM: A METHOD FOR STOCHASTIC OPTIMIZATION*。

PaddlePaddle V1 Adamax 算法:

```
paddle.trainer_config_helpers.optimizers. AdamaxOptimizer(beta1, beta2)
```

PaddlePaddle V2 Adamax 算法:

```
paddle.v2.optimizer.Adamax(beta1=0.9, beta2=0.999, **kwargs)
```

4.7 损失函数

在机器学习和深度学习中,为了衡量模型的输出值与真实值的误差,我们定义了一种损失函数(Loss Function)。通常情况下,损失函数为正值,损失函数的值越小,预测值和真实值越接近,进而表明模型的预测准确度高。损失函数广义定义如下:

$$\text{Loss} = \frac{1}{N}\sum_{i=1}^{N}\text{L}(Y_i, f(\boldsymbol{\theta}, x_i))$$

其中 L 是计算损失的函数,一般深度学习会采用最小批次进行前馈传播,然后在一个批次内计算损失,因而得到的 Loss 是最小批次每个样本损失的平均值。

4.8　均方损失函数

均方损失函数（MSE），顾名思义就是先进行平方求和，再计算平均值的一种损失计算方式，具体公式如下：

$$\mathrm{MSE} = \frac{1}{n}\sum_{i}^{n}(y_i - \hat{y}_i)$$

此时我们的损失就不是计算的一个最小批次了，n 表示输出向量维度或者标签维度。

均方损失函数可以理解为通过距离衡量预测值和标准值的差距。在机器学习中，很多场合都使用距离来衡量相似度，在这里，距离就可以作为我们模型的损失，或者误差。

PaddlePaddle V1 中的 MSE：

```
paddle.trainer_config_helpers. mse_cost(input, label)
```

PaddlePaddle V2 中的 MSE：

```
paddle.v2.layer.mse_cost(*args, **kwargs)
```

4.9　交叉熵损失函数

熵（Entropy）的概念最早来自香农的信息论，信息熵用来衡量信息的不确定程度，后来衍生出了相对熵（Relative Entropy）。相对熵又称为 KL 散度，可以用来衡量两个概率分布的差异，相对熵越大，两个分布的差异越大；相对熵越小，表示两分布的差异越小。

交叉熵（Cross Entropy）与相对熵有着相似的属性，能够用来比较两分布的相似性。在 Sigmoid 作为激活函数的深度学习模型中，常常会出现饱和现象，也就是梯度消失，而交叉熵损失函数恰好在这个问题上表现得尤为出色，很好地解决了 Sigmoid 函数引发的梯度消失而学习收敛或者变慢的问题。

具体公式：

$$\mathrm{Loss} = -\frac{1}{n}\sum_{i=1}^{n}\big[y\ln a + (1-y)\ln(1-a)\big]$$

PaddlePaddle V1 中的交叉熵损失函数：

```
paddle.trainer_config_helpers.cross_entropy(input, label)
```

PaddlePaddle V2 中的交叉熵损失函数：

```
paddle.v2.layer. cross_entropy_cost (*args, **kwargs)
```

4.10　Huber 损失函数

在使用均方损失函数时，有些噪声点会偏离得很远，导致计算出的损失特别大，这种情况会降低模型的鲁棒性，Huber 函数就是针对均方损失函数的这个问题而提出的改进方法。

Huber 函数：

$$L_\delta(a) = \begin{cases} \dfrac{1}{2}a^2 & (|a| \leqslant \delta) \\ \delta & (|a| - \dfrac{1}{2}\delta) \end{cases}$$

当我们把均方损失函数和 Huber 函数结合起来后就得到了 Huber 损失函数：

$$L_\delta(y, f(x)) = \begin{cases} \dfrac{1}{2}(f(x) - y)^2 & (|f(x) - y| \leqslant \delta) \\ \delta & (|f(x) - y| - \dfrac{1}{2}\delta) \end{cases}$$

PaddlePaddle V1 中的 Huber 损失函数：

```
paddle.trainer_config_helpers.huber_cost(input, label)
```

PaddlePaddle V2 中的 Huber 损失函数：

```
paddle.v2.layer.huber_cost(*args, **kwargs)
```

4.11　CRF 损失函数

CRF 条件随机场（Conditional Random Field）是一种序列到序列模型，在语音识别中运用十分广泛，属于概率图模型。对于运用 CRF 的模型，可以直接调用 CRF 损失函数进行误差计算，然后传递误差优化模型。

PaddlePaddle V1 中的 CRF 损失函数：

```
paddle.trainer_config_helpers.crf_cost(input, label, size)
```

PaddlePaddle V2 中的 CRF 损失函数：

```
paddle.v2.layer.crf(input, label, size)
```

其中，size 参数用于确定类别数。

4.12　CTC 损失函数

CTC（Connectionist Temporal Classification）损失函数（CTC Loss）也是一种解决序列到序列的分类问题的模型，一般用在序列分类的输出损失计算上，尤其是在变长 label 的问题中，CTC 损失函数会利用上一个 softmax 层的输出进行损失计算。

PaddlePaddle V1 中的 CTC Loss：

```
paddle.trainer_config_helpers.ctc_layer(input, label, size)
```

PaddlePaddle V2 中的 CTC Loss：

```
paddle.v2.layer.ctc(input, label, size)
```

其中，size 参数用于表明类别数，不过是我们的真正的类别数+1，也就是说，如果我们有 10 类，那么在使用 CTC 损失函数时，size 需要输出 11。关于 CTC 损失函数的详细内容，我们会在后续章节中讲到。

4.13　反向传播算法

神经网络分为前向传播和反向传播。利用前向传播，可以将输入的 x 通过网络图前向计算，最后获得假设输出 h。即用公式表达为：

$$h = f(x; \boldsymbol{\theta})$$

如果神经网络只能利用预先设定的参数，由输入获得输出，那么这样复杂的模型与我们直接构造函数没有什么差别。机器学习算法和深度学习算法最重要的部分就是具备自学习能力，即通过数据来不断优化假设函数 $h(x)$，确定泛化误差最小的参数 $\boldsymbol{\theta}$。

通过前向传播获得当前参数 $\boldsymbol{\theta}$ 下的预测值 h，此时，我们可以利用 MSE 来衡量模型的误差：

$$L(x; \boldsymbol{\theta}) = \frac{1}{n} \sum_{i=1}^{n} (y_i - h(x_i; \boldsymbol{\theta}))^2$$

获得误差值之后，要做的就是如何使用误差来修正参数，使得模型更加准确。对于这个问题，一种高效的算法——反向传播算法问世，如图 4.7 所示。

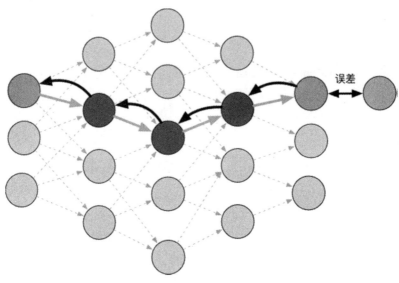

图 4.7

反向传播算法（Back Propagation）通过将误差沿着网络模型的反方向进行传播，通过误差来修正模型参数。在含有多个隐层的神经网络中，由输出层开始计算误差，利用误差和梯度下降（Gradient Descent）算法来修正参数，同时将误差向前一层传播，修改前一层参数，这样一直传播到输出层，一轮误差计算结束后，所有层的参数都将获得相应的更新，更新的大小取决于学习率、梯度以及误差值。

反向传播与梯度下降算法联系十分紧密，通过反向传播传递误差梯度，通过梯度下降进行参数优化，最终达到学习的效果。

参考文献

[1] PaddlePaddle Documentation. http://doc.paddlepaddle.prg

[2] One Hot, Wikipedia. https://en.wikipedia.org/wiki/One-hot

[3] 数据标准化. http://webdataanalysis.net/data-analysis-method/data-normalization/

[4] PaddlePaddle Documentation. http://doc.paddlepoaddle.org

[5] PaddlePaddle Documentation. http://doc.paddlepaddle.org

[6] Rectified Linear Units Improve Restricted Boltzmann Machines

[7] Wikipedia.https://en.wikipedia.org/wiki/Stochastic_gradient_descent

[8]　Ian Goodfellow. Yoshua Bengio, Arron Courvilla. Deep Learning. MIT Press，2016.

[9]　Geoffrey Hinton.Overview of mini-batch gradient descent

[10] Adam: A Method for Stochastic Optimization.https://arxiv.org/abs/1412.6980

[11] ADADELTA: An Adaptive Learning Rate Method.https://arxiv.org/abs/1212.5701

[12] PaddlePaddle Documentation. http://doc.paddlepaddle.org/

[13] Huber Loss. Wikipedia.https://en.wikipedia.org/wiki/Huber_loss

## 第 5 章

卷积神经网络

之前使用全连接前馈神经网络识别 MNIST 手写数字时，我们最开始输入的是 784 维向量，中间隐层也是采用的多层 Fully Connected Layer（全连接层）来进行训练的。但如果我们输入的图像改变，比如从 28×28 的灰度图像升级为了 300×300×3 的 RGB 三通道图像，此时，如果按照之前的模式，我们的输入向量将会拓展到 270000 维，这样大的输入会不会有很多问题，比如使用多层全连接导致参数过多然后内存爆炸？或者是出现过拟合？的确，随着维度变大，参数变多，这些问题都会出现。

因此，对于图像，采用简单的全连接可能不是最好的方法。那么，对于图像这类输入，我们该如何处理？在信号处理领域有一大利器——卷积运算，利用已知信号对某一信号进行卷积可以起到滤波的作用，比如我们常见的音频均衡器等。那么，卷积对图像信号是否也有类似的滤波作用呢？

5.1　卷积神经网络

在深度学习领域内，卷积神经网络极具代表性，尤其是在图像识别、分类等工作中表现出了非凡的优势，几乎成为计算机视觉领域的标准配置。

5.1.1　卷积

卷积神经网络中每一个神经元都可以覆盖一定范围的图像单元，下面先来了解二维图像中的卷积究竟是怎样的一种运算。图像在计算机里是用一个三维矩阵来存储的，我们看到的色彩艳丽的图像其实都是由一个三维矩阵组成的，x、y 坐标确定了一个像素点的位置，第三个维度 z 用来确定在该位置的像素值。一般来说，图像大多为 3 通道，也就是 RGB，含有三个值，分别是 R、G、B。而有些特殊的图像，比如我们之前见过的 MNIST 数据，则是一个灰度图像数据集，第三个维度 z 只有一个值（单通道），也就是灰度值，因此，这种图像又可以视为二维矩阵。

下面就用一个例子来解释卷积运算的过程。

图 5.1 是一个单通道 5×5 的图像矩阵，我们创建了一个卷积核，也就是卷积算子。

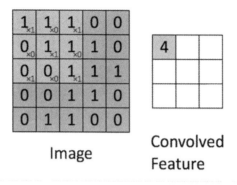

图 5.1

卷积核是一个 3×3 的矩阵，如下所示。

$$\begin{bmatrix} 1 & 0 & 1 \\ 0 & 1 & 0 \\ 1 & 0 & 1 \end{bmatrix}$$

卷积运算可以理解为：卷积核在原图像上移动，每移动一次，卷积核的每一项与原图像对应位置的值相乘，然后求和得到一个新的数值，如图 5.2 所示。

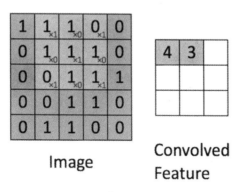

图 5.2

当卷积核移动到(1,2)位置后进行对应项相乘并求和，于是得到了 3，其他位置依次类推，如图 5.3 所示。

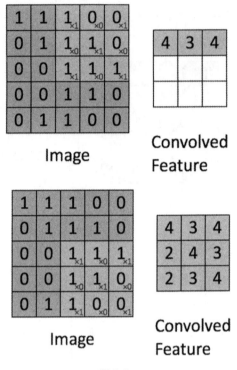

图 5.3

完成卷积运算后可以得到一个新的矩阵，这个矩阵维度缩减了 2，因此可以计算得到卷积和的大小和新生成矩阵维度的关系。

5.1.2 图像与卷积

经过介绍，我们已经清楚了卷积的原理及其计算方式，尤其是二维矩阵的计算。那么，卷积是如何与我们的图像乃至深度学习有着密不可分的关系呢？

首先观察图 5.4。

左边为原图（Lena，图像处理领域的一张经典样图），右边是经过卷积运算提取边缘后得到的图。

图 5.4

前面提到过，卷积可以对信号进行滤波，对图像信号也是如此。利用一个卷积核（卷积算子）与一个待处理的图像进行卷积运算，即每个像素点与其周围邻近的像素点与卷积核的对应项相乘求和，相当于一种线性运算，然后将求和后得到的结果作为新图在该位置的像素值，进而形成一幅新图。

不同的卷积核与图像做卷积运算会产生不同的效果，图 5.4 中的右图是经过边缘提取后的结果。边缘提取有一种著名的卷积核——拉普拉斯卷积核，拉普拉斯卷积核是一个 3×3 的矩阵。

$$\begin{bmatrix} -1 & -1 & -1 \\ -1 & 8 & -1 \\ -1 & -1 & -1 \end{bmatrix}$$

此外，还有常见的 Blur 滤镜，即通过特定的卷积核使图像变得模糊，常见的有均值模糊和高斯模糊两种。

$$\begin{bmatrix} \dfrac{1}{9} & \dfrac{1}{9} & \dfrac{1}{9} \\ \dfrac{1}{9} & \dfrac{1}{9} & \dfrac{1}{9} \\ \dfrac{1}{9} & \dfrac{1}{9} & \dfrac{1}{9} \end{bmatrix}$$

图 5.5 是经过不同尺寸的卷积核实现的均值模糊。

图 5.5

　　图像卷积在图像处理中至关重要，通过特定的卷积核可以得到特定的表现，仅通过简单的卷积运算就可使得图像发生巨大变化，可见卷积中蕴含着巨大潜力。如果将卷积与神经网络结合起来会不会产生更大的威力？当然，卷积神经网络的出现改变了整个深度学习领域，尤其是计算机视觉领域。

5.1.3　卷积层

　　卷积层主要用来做大量卷积运算，通过对输入图像做卷积运算来提取特征。图 5.4 就是使用一个卷积核来对图像进行处理的效果，如果使用大量不同的卷积核，图像又会产生什么变化或者可以从图像中获取什么特征呢？卷积层利用了计算机并行的特性，在一层网络中同时使用多个不同的卷积核，同时进行卷积运算，每一个卷积核完成卷积之后会得到一张特征图，通常称为 Feature Map。

　　采用多种不同卷积核的目的是在图像中提取不同的特征信息。前面提到，卷积运算可以对信号进行滤波，提取出我们需要的成分。如同边缘检测，若想获取图像的边缘信息，就可以利用特定的卷积核去取得图像的边缘特征信息，如图 5.6 所示。

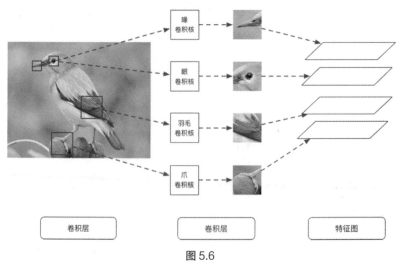

图 5.6

对于鸟的识别，可以通过鸟的不同特征来进行判别，例如，鸟的喙与鸟的羽毛，通过训练卷积神经网络，我们可以获得提取相应特征的卷积核，包括提取眼部信息的卷积核以及提取喙的卷积核，最后通过线性或者非线性的方式叠加获取的特征信息。因此，在使用卷积层提取图像特征时，一般采用多个卷积核来提取特征。

卷积层除了实现基本的矩阵卷积运算外，对于多通道的图像输入，卷积层实现了维度规约操作，即对于多个通道的图像将其通过线性或非线性处理转为单通道输入，如图 5.7 所示。

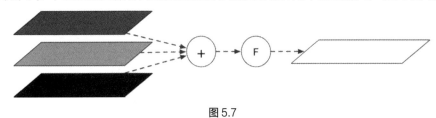

图 5.7

彩色图像通常为 RGB 三通道，卷积层可以对其进行通道层面的维度规约。

对于卷积层，利用多个卷积核生成的多层特征图可以看成是生成了一幅多通道的图像，每一个通道都有一种或者多种特征表现。例如，在上一层输出了 256 个通道的特征图（Feature Map），下一层的卷积层输入通道为 256，通过维度规约进行降维，即利用 64 个卷积核进行卷积运算，可以将输出图像的通道维度扩展到 64，即输出 64 个通道的特征图，如图 5.8 所示。

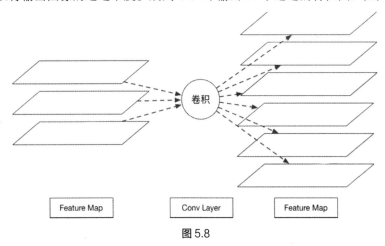

图 5.8

此外，卷积层的一些参数是值得关注的。

（1）步长（Stride），即卷积核每次移动的步长，步长的大小会影响得到的特征图的大小，步长越大，特征图越小。为获得与原图同等大小的特征图，一般采用步长为 1，有时候选择较大步长可以降低计算量或者实现下采样（Down Sampling）的效果。

（2）Padding，一般为 zero-padding，对于宽度为 w 的图像，如果卷积核宽度为 m，stride=1，那么按照矩阵卷积的计算方式，最后得到的输出特征图宽度为 $w-2$，即在没有考虑 padding 的情况下，特征图会缩减。为保持与原图尺寸相同，可以采用 padding 的方式，即拓展矩阵的四周，将其填充为 0，使其输出尺寸与原图一致。

5.1.4　Pooling　池化层

池化层是卷积层的一种变体，一般称之为下采样层（Down Sampling）。之所以称之为采样层，是因为其具有采样功能，通过采取部分信息来降低计算量。一般对于 2×2 的池化层，步长 stride=2，即在 4 个元素内进行一次采样输出，如图 5.9 所示。

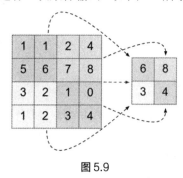

图 5.9

图 5.9 采用了最大池（Max Pool），即在每一个区域内（Pool）内选择最大的值作为采样值，输出用于下一步计算。

池化窗可以看作一种特殊的卷积核，一般进行下采样时，池化窗的大小等于池化的步长（stride）。

池化层一方面降低了输入规模，另一方面降低了过拟合的风险，避免训练出的卷积神经网络中卷积核高度匹配而降低了泛化性。

常见的有最大池（Max Pool）、平均池（Average Pool）等。

5.1.5　Batch Normalization

Google 在 2015 年的论文 *Batch Normalization： Accelerating Deep Network Training By Reducing Internal Convariate Shift* 中提出了一种优化深度学习的新方法——Batch Normalization，简称 BN。

在以往的深度学习中，会出现一种"Internal Convariate Shift"的问题：随着输入分布的改变，每层隐层网络的参数也会随之改变，没有服从某种统一的规律，导致需要更小的学习率与合适的初始化参数，训练过程也因此变得缓慢。

Batch Normalization 解决了上述"Internal Convariate Shift"问题，通过类似于图像白化的操作实现对输入分布进行白化，使得一个批次数据的输入分布服从于均值为 0、方差为 1 的正态分布，实现所谓的 Batch Normalization。

具体计算过程如下。

Input: Values of x over a mini-batch: $\mathcal{B} = \{x_{1...m}\}$;
　　　　Parameters to be learned: γ, β
Output: $\{y_i = \mathrm{BN}_{\gamma,\beta}(x_i)\}$

$$\mu_{\mathcal{B}} \leftarrow \frac{1}{m} \sum_{i=1}^{m} x_i \qquad \text{// mini-batch mean}$$

$$\sigma_{\mathcal{B}}^2 \leftarrow \frac{1}{m} \sum_{i=1}^{m} (x_i - \mu_{\mathcal{B}})^2 \qquad \text{// mini-batch variance}$$

$$\widehat{x}_i \leftarrow \frac{x_i - \mu_{\mathcal{B}}}{\sqrt{\sigma_{\mathcal{B}}^2 + \epsilon}} \qquad \text{// normalize}$$

$$y_i \leftarrow \gamma \widehat{x}_i + \beta \equiv \mathrm{BN}_{\gamma,\beta}(x_i) \qquad \text{// scale and shift}$$

算法其实很容易看懂，首先求得输入数据的均值和方差，利用大数定律（概率论）对其进行归一化，然后将其线性变化。

利用 Batch Normalization 可以有效解决"Internal Convariate Shift"，加速了训练的收敛过程。BN 层几乎是现在深度学习中的标配，若没有 Batch Normalization，我们需要不断对学习率和其他参数进行调优，尤其是选择合适的小学习率。利用 BN 层，可以减少这些工作并且提高模型的泛化能力。推荐在自己设计的模型中使用 BN 层来进行加速。

图 5.10 是 Batch Noramlization 论文中利用 MNIST 分类实验对比 Batch Normalization 效果的实验曲线，BN 在速度和准确率上均有提升。

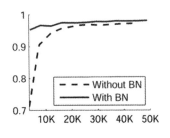

图 5.10

5.1.6 CNN 的生物学起源

卷积神经网络源于神经科学实验，1981 年的诺贝尔生理学奖颁给了神经生理学家 David Hubel 与 Torsten Wiesel，他们的研究对深度学习领域的贡献极大，尤其是在研究哺乳动物视觉系统中，给予记录猫的单个神经元的活动。他们通过实验观察猫的脑内神经元如何对猫眼前的图像做出响应。1962 年，Hubel 和 Wiesel 通过研究提出了感受野（Receptive Field）。1980 年，日本研究者 Fukushima 基于感受野提出了神经感知机概念，该模型已经十分接近卷积神经网络，具备了 CNN 的基本要素。神经感知机将视觉模式分成许多子模式，然后进入分层递阶式相连的特征平面进行处理，这样视觉系统便能够模型化为我们所用。

5.1.7 PaddlePaddle 与卷积神经网络

PaddlePaddle 框架对卷积神经网络支持得很好，提供了很方便的 CNN 层与 Pool 层的接口。

1. PaddlePaddle V1

卷积层：

```
paddle.trainer_config_helpers.layers.img_conv_layer(*args, **kwargs)
```

参数说明：

input	输入数据（LayerType）
act	激活函数类型
groups	分组数（处理不同的 channel）
filter_size	卷积核尺寸
filter_size_y	卷积核尺寸高度（默认=filter_size）
num_filters	卷积核个数，输出通道数
num_channels	输入图像通道数
padding	边界填充
stride	卷积核滑动步长

池化层：

```
paddle.trainer_config_helpers.layers.img_pool_layer(*args, **kwargs)
```

参数说明：

input	输入数据（LayerType）
pool_size	池化窗尺寸（x）
pool_size_y	池化窗高度（默认=pool_size）
pool_type	池化类型（Max、Min、Average）
num_channels	输入图像通道数

| padding | 边界填充 |
| stride | 池化窗滑动步长 |

Batch Normalization 层:

```
paddle.trainer_config_helpers.layers.batch_norm_layer(*args, **kwargs)
```

参数说明:

input	输入数据（LayerType）
act	激活函数类型
batch_norm_type	batch_norm 类型
moving_average_fraction	移动平均因子
num_channels	输入图像通道数

2. PaddlePaddle V2

V2 接口的参数列表与 V1 的参数列表相同，只是调用形式稍有改动。

卷积层:

```
paddle.v2.layer.img_conv(*args, **kwargs)
```

池化层:

```
paddle.v2.layer.img_pool(*args, **kwargs)
```

Batch Normalization 层

```
paddle.v2.layer.batch_norm(*args, **kwargs)
```

5.2　实例学习

本节将沿着卷积神经网络的发展历程来讲述，卷积神经网络首次应用于 Yann LeCun 的 LeNet-5，用于手写数字识别。由于当时深度学习领域的研究不像今天如此火热，因此，当时的发展比较缓慢。另外，计算性能一直是研究突破的一大瓶颈，无论是 CPU 还是 GPU，都无法满足大量的计算任务。2012 年，Alex 和 Hinton 发表了一篇具有历史突破性的论文 *ImageNet Classification With Deep Convolutional Neural Network*，引入了 DCNN（深度卷积神经网络）的概念，并研究出了多种优化模型与防止过拟合的方法，直到现在，对 CNN 的研究一直火热。之后在图像分类领域出现了 VGG、GoogLeNet 以及 Deep Residual Network 等优秀的模型，并在 ImageNet 分类竞赛中角逐。在图像分类突破之后，CNN 衍生出多个方向，除图像分类外，还多了物体检测、图像语义等，如图 5.11 所示。

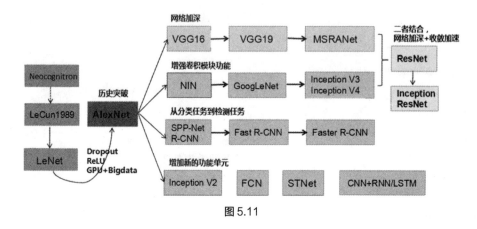

图 5.11

1. LeNet

LeNet 几乎是卷积神经网络的开山之作，里面涵盖了卷积层、池化层和全连接层，大大提高了图像识别与分类的精确度。

LeNet 结构如图 5.12 所示。

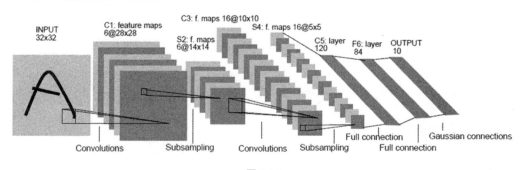

图 5.12

LeNet-5 中有两层卷积层和两层池化层。

在没学习 CNN 时，我们利用含有多层 Hidden Layer 的全连接神经网络完成了 MNIST 手写数字识别，准确率达 90%左右。在学习卷积神经网络之后，可以用它来重新识别 MNIST 手写数字，体验当年深度学习领域的这一大突破。

LeNet 有两层卷积层、两层池化层、两层全连接和一层输出层。每层参数如表 5.1 所示。

表 5.1

网　　络	卷积核/池化窗	图像 / Feature Map 大小	卷积核数量
Conv 1	5×5	28×28	6
Pool 1	2×2	14×14	/

网　　络	卷积核/池化窗	图像 / Feature Map 大小	卷积核数量
Conv 2	5×5	10×10	/
Pool 2	2×2	2×2	16
FC 1	120	/	/
FC 2	84	/	/

创建 LeNet-MNIST 工程，创建 LeNet.py 和 data_provider.py 文件来配置模型和提供训练数据接口。本次实例采用 PaddlePaddle V1 接口来实现神经网络结构。为了适配小尺寸的 MNIST 数据集，对卷积层部分参数进行了改动。

设置网络基本配置。

```
import paddle.trainer_config_helpers as paddle

is_predict=get_config_arg('is_predict', bool, False)

process = 'process'

test = 'data/test.list'
train = 'data/train.list'

if is_predict:
    process = 'predict_process'
    test = None
train = 'predict.list'

paddle.define_py_data_sources2(
    train_list=train,
    test_list=test,
    module='data_provider',
    obj=process
)

batch_size = 16

if is_predict:
batch_size = 1
```

配置模型算法以及优化方法。

```
paddle.settings(
    batch_size=batch_size,
    learning_method=paddle.MomentumOptimizer(),
    learning_rate=0.0001,
    regularization=paddle.L2Regularization(1e-4),
    gradient_clipping_threshold=20
)
```

在此，使用了 Momentum（动量）优化算法，使用 0.0001 的学习率，以及 L2 正则化来训练 LeNet-5。

获取训练图像和标签。

```
image = paddle.data_layer(name='image', size=784)
label = paddle.data_layer(name='label', size=10)
```

LeNet-5 卷积模型配置。

```
conv_1 = paddle.img_conv_layer(input=image,
                               padding=1,
                               stride=1,
                               num_channels=1,
                               num_filters=6,
                               filter_size=5,
                               act=paddle.LinearActivation())

pool_1 = paddle.img_pool_layer(input=conv_1,
                               stride=2,
                               pool_size=2,
                               pool_type=paddle.MaxPooling())

conv_2 = paddle.img_conv_layer(input=pool_1,
                               stride=1,
                               num_filters=16,
                               filter_size=5,
                               act=paddle.LinearActivation()
                               )

pool_2 = paddle.img_pool_layer(input=conv_2,
                               stride=2,
                               pool_size=2,
                               pool_type=paddle.MaxPooling())

fc_1 = paddle.fc_layer(input=pool_2,
                       size=120,
                       act=paddle.SigmoidActivation())

fc_2 = paddle.fc_layer(input=pool_2,
                       size=84,
                       act=paddle.SigmoidActivation())

fc_3 = paddle.fc_layer(input=fc_2,
                       size=10,
                       act=paddle.SoftmaxActivation())
```

损失计算。

```
cost = paddle.classification_cost(input=fc_3, label=label)
paddle.outputs(cost)
```

数据提供接口如下。

```
from paddle.trainer.PyDataProvider2 import *
import mnist_data as mnist

@provider(input_types={'image': dense_vector(784),
                       'label': integer_value(10)},
          cache=CacheType.CACHE_PASS_IN_MEM,
          should_shuffle=True)
def process(settings, filename):
    if filename == 'train':
        dataset = mnist.fetch_traingset()
    else:
        dataset = mnist.fetch_testingset()

    train_images = dataset['images']
train_labels = dataset['labels']

    num_images = len(train_images)
    for i in range(num_images):
        yield {
            'image': train_images[i],
            'label': int(train_labels[i])
        }
```

完成后写好 Shell 脚本就可以开始训练了。

```
...........
I0620 13:42:20.260881 3057439680 TrainerInternal.cpp:181]  Pass=0
Batch=3750 samples=60000 AvgCost=1.34366 Eval:
classification_error_evaluator=0.32105
I0620 13:42:23.156836 3057439680 Tester.cpp:115]  Test samples=10000
cost=0.571075 Eval: classification_error_evaluator=0.1293
..........
I0620 13:42:43.062249 3057439680 TrainerInternal.cpp:181]  Pass=1
Batch=3750 samples=60000 AvgCost=0.445829 Eval:
classification_error_evaluator=0.113217
I0620 13:42:44.363131 3057439680 Tester.cpp:115]  Test samples=10000
cost=0.341311 Eval: classification_error_evaluator=0.0875
..........
I0620 13:43:40.567704 3057439680 TrainerInternal.cpp:181]  Pass=4
Batch=3750 samples=60000 AvgCost=0.22856 Eval:
classification_error_evaluator=0.06485
I0620 13:43:42.727872 3057439680 Tester.cpp:115]  Test samples=10000
cost=0.201847 Eval: classification_error_evaluator=0.0565
..........
I0620 13:44:24.734905 3057439680 TrainerInternal.cpp:181]  Pass=6
Batch=3750 samples=60000 AvgCost=0.184119 Eval:
classification_error_evaluator=0.0520833
I0620 13:44:26.129254 3057439680 Tester.cpp:115]  Test samples=10000
cost=0.165769 Eval: classification_error_evaluator=0.0462
..........
I0620 13:45:23.444926 3057439680 TrainerInternal.cpp:181]  Pass=9
Batch=3750 samples=60000 AvgCost=0.144501 Eval:
classification_error_evaluator=0.0409833
```

```
I0620 13:45:24.849189 3057439680 Tester.cpp:115]  Test samples=10000
cost=0.131911 Eval: classification_error_evaluator=0.0367
………..
I0620 13:46:58.997097 3057439680 TrainerInternal.cpp:181]  Pass=14
Batch=3750 samples=60000 AvgCost=0.107729 Eval:
classification_error_evaluator=0.0301833
I0620 13:46:59.873141 3057439680 Tester.cpp:115]  Test samples=10000
cost=0.100967 Eval: classification_error_evaluator=0.0286
………..
I0620 13:50:49.272460 3057439680 TrainerInternal.cpp:181]  Pass=27
Batch=3750 samples=60000 AvgCost=0.0657697 Eval:
classification_error_evaluator=0.0178
I0620 13:50:50.177538 3057439680 Tester.cpp:115]  Test samples=10000
cost=0.067696 Eval: classification_error_evaluator=0.0197
………..
I0620 13:55:22.606546 3057439680 TrainerInternal.cpp:181]  Pass=42
Batch=3750 samples=60000 AvgCost=0.0449947 Eval:
classification_error_evaluator=0.0114
I0620 13:55:24.859691 3057439680 Tester.cpp:115]  Test samples=10000
cost=0.0519714 Eval: classification_error_evaluator=0.0152
………..
I0620 13:56:25.415918 3057439680 TrainerInternal.cpp:181]  Pass=45
Batch=3750 samples=60000 AvgCost=0.0420874 Eval:
classification_error_evaluator=0.0108333
I0620 13:56:26.748733 3057439680 Tester.cpp:115]  Test samples=10000
cost=0.0504189 Eval: classification_error_evaluator=0.0156
```

一共训练了 50 个 pass，最终收敛在了 0.015 左右。

2. AlexNet

AlexNet 的出现可以说是图像分类领域乃至深度学习领域的一场革命。Alex Krizhevsky 和 Hinton 等人在 *ImageNet Classification With Deep Convolutional Neural Network* 中首次提出使用深度卷积网络（DCNN）来解决图像分类问题，并在 ImageNet 竞赛中拿到 2012 年冠军。

在 AlexNet 中，引入了 ReLU 激活函数，并且利用 Dropout 和 Data Argumentation（数据增强）来防止过拟合。

如图 5.13 所示。

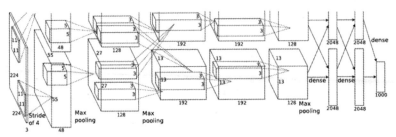

图 5.13

相比于 LeNet-5，AlexNet 引入了多层卷积层，此外，AlexNet 加入了 Dropout 层和 Normalization 层（LRN：Local Response Normalization）。

论文中 AlexNet 主要用来实现 ILSVRC 上的数据集，为 227×227 三通道图像。由于数据集过大，因此这里仅采用 CIFAR-10 数据集。

CIFAR 数据集由 Alex Krizhevsky、Vinod Nair 和 Geoffrey Hinton 等人收集，数据集含有两个分支：CIFAR-10 和 CIFAR-100。

CIFAR-10：包含 60000 张 32×32 的彩色图像（三通道），分为 50000 个训练图像和 10000 个测试图像。数据集一共有 10 个类，每个类有 6000 张图像。数据集已经分成了 5 个训练 Batch 和 1 个测试 Batch，如图 5.14 所示。

Here are the classes in the dataset, as well as 10 random images from each:

airplane
automobile
bird
cat
deer
dog
frog
horse
ship
truck

图 5.14

图像数据和标签数据已通过 cPickle 进行封装了，利用 Python 可以很方便地获取训练数据。

打开一个图像 Batch：

```
def unpickle(file):
    import cPickle
    with open(file, 'rb') as fo:
        dict = cPickle.load(fo)
return dict
```

训练数据和测试数据 Batch 都是一个字典类型的结构，我们主要从 data 和 label 字段中获取训练数据。

```
>>> p = unpickle('data_batch_1')
>>> p.keys()
['data', 'labels', 'batch_label', 'filenames']
```

CIFAR-100：数据集包含 100 个小类，每个小类有 600 张图像。CIFAR-100 的标签和 CIFAR-10 略微不同，CIFAR-100 标签在 fine_labels 中，但结构大致相同，读取简单。

Superclass	Classes
aquatic mammals	beaver, dolphin, otter, seal, whale
fish	aquarium fish, flatfish, ray, shark, trout
flowers	orchids, poppies, roses, sunflowers, tulips
food containers	bottles, bowls, cans, cups, plates
fruit and vegetables	apples, mushrooms, oranges, pears, sweet peppers
household electrical devices	clock, computer keyboard, lamp, telephone, television
household furniture	bed, chair, couch, table, wardrobe
insects	bee, beetle, butterfly, caterpillar, cockroach
large carnivores	bear, leopard, lion, tiger, wolf
large man-made outdoor things	bridge, castle, house, road, skyscraper
large natural outdoor scenes	cloud, forest, mountain, plain, sea
large omnivores and herbivores	camel, cattle, chimpanzee, elephant, kangaroo
medium-sized mammals	fox, porcupine, possum, raccoon, skunk
non-insect invertebrates	crab, lobster, snail, spider, worm
people	baby, boy, girl, man, woman
reptiles	crocodile, dinosaur, lizard, snake, turtle
small mammals	hamster, mouse, rabbit, shrew, squirrel
trees	maple, oak, palm, pine, willow
vehicles 1	bicycle, bus, motorcycle, pickup truck, train
vehicles 2	lawn-mower, rocket, streetcar, tank, tractor

CIFAR 数据集主页：https://www.cs.toronto.edu/~kriz/cifar.html，CIFAR-10 数据集较小，而且图像大小只有 32×32，下载方便，而且训练速度较快。

3. 利用 CIFAR-10 数据集训练 AlexNet 模型

初始化 PaddlePaddle。

```
paddle.init(use_gpu=False, trainer_count=2)
```

训练数据输入。

```
image_size = 32 * 32 * 3
image = paddle.layer.data(name='image',
                type=paddle.data_type.dense_vector(image_size))
label = paddle.layer.data(name='label',
                    type=paddle.data_type.integer_value(10))
```

AlexNet 模型配置。

```
conv_1 = paddle.layer.img_conv(name='conv_1',
                        input=image,
                        filter_size=11,
                        num_filters=96,
                        num_channels=3,
                        act=paddle.activation.Relu(),
```

```
                                padding=5,
                                stride=1)

lrn_conv_1 = paddle.layer.img_cmrnorm(name='norm_1',
                                input=conv_1,
                                size=5,
                                scale=0.0001,
                                power=0.75)

pool_1 = paddle.layer.img_pool(name='pool_1',
                                input=lrn_conv_1,
                                pool_type=paddle.pooling.Max(),
                                stride=2,
                                pool_size=2)

conv_2 = paddle.layer.img_conv(name='conv_2',
                                input=pool_1,
                                filter_size=5,
                                num_filters=256,
                                num_channels=96,
                                act=paddle.activation.Relu(),
                                stride=1,
                                padding=2)

lrn_conv_2 = paddle.layer.img_cmrnorm(name='norm_2',
                                input=conv_2,
                                size=5,
                                scale=0.0001,
                                power=0.75)

pool_2 = paddle.layer.img_pool(name='pool_2',
                                input=conv_2,
                                pool_type=paddle.pooling.Max(),
                                stride=2,
                                pool_size=2)

conv_3 = paddle.layer.img_conv(name='conv_3',
                                input=pool_2,
                                filter_size=3,
                                num_filters=384,
                                num_channels=256,
                                act=paddle.activation.Relu(),
                                stride=1,
                                padding=1)

conv_4 = paddle.layer.img_conv(name='conv_4',
                                input=conv_3,
                                filter_size=3,
                                num_filters=384,
                                num_channels=384,
                                act=paddle.activation.Relu(),
                                stride=1,
                                padding=1)
```

```
conv_5 = paddle.layer.img_conv(name='conv_5',
                               input=conv_4,
                               filter_size=3,
                               num_filters=256,
                               num_channels=384,
                               act=paddle.activation.Relu(),
                               stride=1,
                               padding=1)

pool_3 = paddle.layer.img_pool(name='pool_3',
                               input=conv_5,
                               pool_type=paddle.pooling.Max(),
                               stride=2,
                               pool_size=2)

fc_1 = paddle.layer.fc(name='fc_1',
                       input=pool_3,
                       size=4096,
                       act=paddle.activation.Relu(),
                       layer_attr=paddle.attr.Extra(drop_rate=0.5))

fc_2 = paddle.layer.fc(name='fc_2',
                       input=fc_1,
                       size=4096,
                       act=paddle.activation.Relu(),
                       layer_attr=paddle.attr.Extra(drop_rate=0.5))

fc_3 = paddle.layer.fc(name='fc_3',
                       input=fc_2,
                       size=10,
                       act=paddle.activation.Softmax())
```

在第一层卷积和第二层卷积之后添加了两层 cmrnorm，cmrnorm 用来进行 Local Reponse Normalization。此外，在最后两层全连接层中添加了 dropout，用于防止训练过拟合。

超参数与优化算法配置。

```
# 分类损失
cost_layer = paddle.layer.classification_cost(input=fc_3,
                                              label=label)
# 参数创建
parameters = paddle.parameters.create(cost_layer)
# 优化算法配置
optimizer = paddle.optimizer.Momentum(momentum=0.9,

regularization=paddle.optimizer.L2Regularization(rate=0.0002 *
128),learning_rate=0.1 / 128.0,
    learning_rate_decay_a=0.1,
    learning_rate_decay_b=50000 * 100,
```

```
        learning_rate_schedule='discexp')
# 初始化 Trainer
trainer = paddle.trainer.SGD(parameters=parameters,
                             update_equation=optimizer,
                             cost=cost_layer)
```

定义 event 回调函数，监测训练过程，在一定的 epoch 之后进行 test。

```
def event_handler(event):
    if isinstance(event, paddle.event.EndIteration):
        if event.batch_id % 100 == 0:
            print "\nPass: %d Batch: %d [Cost: %f ][%s]\n" %
(event.pass_id, event.batch_id, event.cost, event.metrics)
        else:
            sys.stdout.write('.')
            sys.stdout.flush()
    if isinstance(event, paddle.event.EndPass):

        #save parameters
        with gzip.open('output/params.tar.gz', 'w') as f:
            parameters.to_tar(f)

        # test
        feeding = {'image': 0,
                   'label': 1}
        filepath = "test 文件位置"
        result =
trainer.test(reader=paddle.batch(reader=data_provider.data_reader(filep
ath, 0), batch_size=128),feeding=feeding)
        print "\nTest Result: [Cost: %f] [%s] " % (result.cost,
result.metrics)
```

准备完成后，就可以开始训练了。

```
feeding = {'image': 0,
           'label': 1}
file_path = 'batch path'
reader = data_provider.data_reader(file_path, 0)
trainer.train(num_passes=10,
              reader=paddle.batch(reader, batch_size=128),
              event_handler=event_handler,
              feeding=feeding)
```

利用 PaddlePaddle V2 接口将模型配置完成后，开始准备数据。PaddlePaddle V2 中利用 Reader 方式提供数据。

```
def data_reader(path, n):
    def reader():
        with open(path, 'r') as f:
            datadict = pickle.load(f)
            X = datadict['data']
            Y = datadict['labels']
            X = X.reshape(n, 3072).astype("float")
```

```
        Y = np.array(Y)

        size = n
        for i in range(size):
            yield X[i] / 255.0, int(Y[i])
return reader
```

获取数据后，对每一个像素进行归一化处理。

数据和模型定义完成之后就可以开始训练 AlexNet 了，如图 5.15 所示。

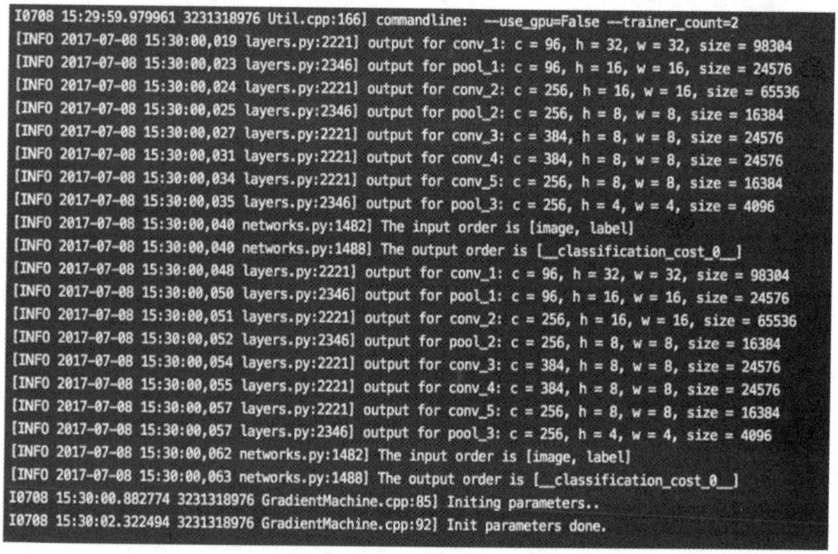

图 5.15

至此，我们的模型已经成功运行起来了。

4. VGG-16

VGG 是牛津大学的 VGG 团队（Visual Geometry Group）在 2014 年提出的深层卷积神经网络模型，在 2014 年 ILSVRC 竞赛中取得卓越成绩，其中 top-5 错误率降到了 7.3%。

VGG 中有很多创新的地方，尤其是在所有卷积层采用了更小的卷积核（3×3），在此之前的 AlexNet 中，第一层卷积核为 11×11，卷积核的大小决定了神经元感受野的大小。如 LeNet 和 AlexNet 使用大卷积核，希望从图像中捕捉获取大量信息，但随着卷积核的变大，参数会大量增加，性能也会相应下降。采用 5×5 的卷积核参数达到了 25，而采用两个 3×3 的卷积核，参数和只有 18。此外，多个小型卷积核可以更好地获取局部特征，易于对图像的高维度特征进行提取。在参数共享上，小型卷积核优势极大。在之后的 GoogLeNet 和 ResNet 中，也均采用小型卷积核来构造深层神经网络。

VGG 神经网络结构图如图 5.16 所示。

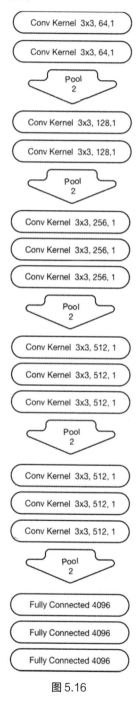

图 5.16

VGG-16 与 VGG-19 模型对比如表 5.2 所示。

表 5.2

VGG-16	VGG-19
Conv 3×3 – 64 Conv 3×3 – 64	Conv 3×3 – 64 Conv 3×3 – 64
Max Pool	
Conv 3×3 – 128 Conv 3×3 – 128	Conv 3×3 – 128 Conv 3×3 – 128
Max Pool	
Conv 3×3 – 256 Conv 3×3 – 256 Conv 3×3 – 256	Conv 3×3 – 256 Conv 3×3 – 256 Conv 3×3 – 256 Conv 3×3 – 256
Max Pool	
Conv 3×3 – 512 Conv 3×3 – 512 Conv 3×3 – 512	Conv 3×3 – 512 Conv 3×3 – 512 Conv 3×3 – 512 Conv 3×3 – 512
Max Pool	
FC-4096	
FC-4096	
FC-1000	
Softmax	

对比 VGG 模型和 AlexNet，可以发现 VGG 与 AlexNet 有着相似的结构，如图 5.17 所示。

图 5.17

在图像分类领域内，很多网络模型都依赖于此结构，最原始、最简单的 LeNet 也是基于这种结构。VGG 在模型深度和模型精度上已经做到了极致，随着网络的继续加深，准确率几乎无法再有更大的提升。

由于 VGG 模型结构十分简单，因此利用 PaddlePaddle 可以很容易地实现并训练 VGG 模型。

VGG 原版采用的是 ImageNet 中 227×227 的 ILSVRC 图像分类数据集，在此，我们继续采用之前的 CIFAR-10 数据集进行训练。

在 VGG-16 中，卷积层较多，通常都是 2～4 层卷积层加上单层下采样层及池化层的组合。在 PaddlePaddle 中，提供了一种"卷积组"的方式来简化代码。

PaddlePaddle V1：

```
Paddle.trainer_config_helpers.networks.img_conv_group(**kwargs)
```

PaddlePaddle V2：

```
paddle.v2.networks.img_conv_group(**kwargs)
```

参数说明：

input	输入（LayerType）
conv_num_filter	卷积核数量（数组）
num_channels	通道数
conv_padding	卷积操作的 padding
conv_filter_size	卷积核的大小
conv_act	卷积激活函数
conv_with_batchnorm	BatchNormalization
conv_batchnorm_drop_rate	
pool_type	池化层类型（Max Pool）
pool_size	池化窗大小

利用此函数，我们即可快速构建 VGG-16 模型。

网络结构——卷积池化。

```
# 图像输入
image_size = 3 * 32 * 32

image = paddle.layer.data(
    name='image',
    type=paddle.data_type.dense_vector(image_size)
)

# 第一个卷积池化模块
conv_part_1 = paddle.networks.img_conv_group
    input=image,
    num_channels=3,
    pool_size=2,
```

```
        pool_stride=2,
        conv_num_filter=[64, 64],
        conv_filter_size=3,
        conv_with_batchnorm=True,
        conv_act=paddle.activation.Relu(),
        pool_type=paddle.pooling.Max()
)

# 第二个卷积池化模块
conv_part_2 = paddle.networks.img_conv_group(
        input=conv_part_1,
        num_channels=64,
        pool_size=2,
        pool_stride=2,
        conv_num_filter=[128, 128],
        conv_filter_size=3,
        conv_with_batchnorm=True,
        conv_act=paddle.activation.Relu(),
        pool_type=paddle.pooling.Max()
)

# 第三个卷积池化模块
conv_part_3 = paddle.networks.img_conv_group(
        input=conv_part_2,
        num_channels=128,
        pool_size=2,
        pool_stride=2,
        conv_num_filter=[256, 256, 256],
        conv_filter_size=3,
        conv_with_batchnorm=True,
        conv_act=paddle.activation.Relu(),
        pool_type=paddle.pooling.Max()
)

# 第四个卷积池化模块
conv_part_4 = paddle.networks.img_conv_group(
        input=conv_part_3,
        num_channels=256,
        pool_size=2,
        pool_stride=2,
        conv_num_filter=[512, 512, 512],
        conv_filter_size=3,
        conv_with_batchnorm=True,
        conv_act=paddle.activation.Relu(),
        pool_type=paddle.pooling.Max()
)

# 第五个卷积池化模块
conv_part_5 = paddle.networks.img_conv_group(
        input=conv_part_4,
        num_channels=512,
```

```
    pool_size=2,
    pool_stride=2,
    conv_num_filter=[512, 512, 512],
    conv_filter_size=3,
    conv_with_batchnorm=True,
    conv_act=paddle.activation.Relu(),
    pool_type=paddle.pooling.Max()
)
```

网络结构——全连接和 Softmax 输出层。

```
fc_1 = paddle.layer.fc(
    input=conv_part_5,
    size=4096,
    act=paddle.activation.Sigmoid()
)

fc_2 = paddle.layer.fc(
    input=fc_1,
    size=4096,
    act=paddle.activation.Sigmoid()
)

fc_3 = paddle.layer.fc(
    input=fc_2,
    size=1000,
    act=paddle.activation.Sigmoid()
)

output_layer = paddle.layer.fc(
    input=fc_3,
    size=10,
    act=paddle.activation.Softmax()
)
```

至此，VGG-16 结构就利用 PaddlePaddle 提供的 img_conv_group 实现出来了，配置好模型优化算法以及 CIFAR-10 的数据 data_provider 后，就可以开始训练自己的 VGG-16 了。

VGG 模型的贡献不仅仅只是基础的图像分类，在很多其他图像处理和机器视觉中都有很多应用。在图像物体检测领域中，SSD（Single Shot MultiBox Detector）利用 VGG 作为基础网络，艺术风格的图像滤镜算法也是基于 VGG 模型来提取图像特征的，VGG 堪称深度卷积神经网络里的经典之作。

5. GoogLeNet

在 2014 年的 ImageNet 图像分类竞赛中，出现了两颗明星，一颗是之前提到的 VGG 网络，另一颗就是接下来要介绍的 GoogLeNet（GoogLeNet 由 Google 带领研究，又因为纪念深度学习开山鼻祖 Yann LeCun 的 LeNet 模型，因此一般写为 GoogLeNet 以示敬意）。

GoogLeNet 是一种比 VGG 还要深的卷积神经网络模型，从图 5.18 可以大致了解到 GoogLeNet 的深度已经远远超过了 VGG-19。前面说过，网络越深，参数就越多，而且性能也会逐渐降低。但 GoogLeNet 充分利用了计算资源，利用多尺度卷积和 Hebbian 法则来优化性能。

说起 GoogLeNet，就不得不提它的创意来源——NIN（Network in Network）。一般的 CNN 通过线性卷积核去做卷积运算，这种方式是一种浅层特征提取，而一些高度非线性的特征使用一般的 CNN 效果并不是特别好。NIN 中提出了一种新的卷积层——MLP 卷积层，即多层感知机卷积层，相当于用一个 MLP 来提升之前的线性卷积核，在卷积核上添加小型的多层网络来提取更多潜在的非线性特征。在参数共享的帮助下，这种卷积方式的参数并不多。

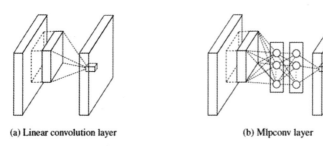

(a) Linear convolution layer　　　　(b) Mlpconv layer

图 5.18

MLP 卷积层只是模型的一部分，整体架构由多层 NIN 模块拼接而成，构成一个深层网络。此外，NIN 去除了全连接输出层。论文中提出了一种全新的池化输出方式——全局平均池化（Global Average Pool），即通过对每个 Feature Map 进行全局平均值池化，使每个 Feature Map 产生一个输出，这样就减少了全连接网络层的参数，如图 5.19 所示。

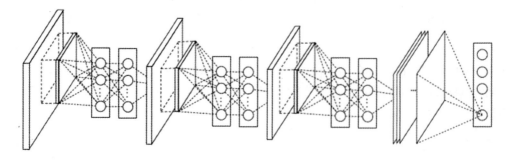

图 5.19

NIN 同样在图像分类中有着突出的成就，同时为后来的发展奠定了扎实的基础，GoogLeNet 利用 NIN 的思想做出了 Inception 模型，之后利用 NIN 实现了全卷积网络（FCN）。

GoogLeNet 系列解读：http://blog.csdn.net/shuzfan/article/details/50738394。

在 NIN（Network in Network）基础之上，GoogLeNet 横空出世，一举拿到了 ImageNet 冠军，在 2014 年的 ILSVRC 中，GoogLeNet 的 top-5 错误率降到了 6.7%。到目前为止，GoogLeNet 已经从最初的 Inception V1 升级到了 Inception V4。一般而言，提升模型的性能和准确率最有效的方法就是增加网络的宽度和深度，一旦模型的深度和宽度增加，必然会引起参数的增加，计算量也随之增加。此外，参数增加会引起模型的过拟合，因此通过这种方式来优化模型存在很大的风险。为了防止这些问题的产生，实验证明，稀疏连接可以提高模型的学习能力，但稀疏计算性能较弱，因此 GoogLeNet 中采用了最有效的稀疏结构单元，这种单元被称为 Inception，如图 5.20 所示。

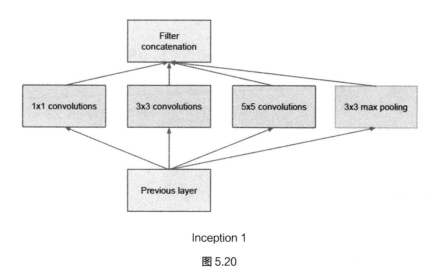

Inception 1

图 5.20

GoogLeNet 中的 Inception 采用了三种不同尺寸的卷积核：1×1、3×3 和 5×5，通过不同尺寸的卷积核可以在不同大小的感受野中提取特征，如同识别图像中的大型物体和细微物体。大卷积（5×5），在识别宏观大型物体特征上效果比小卷积核要好得多，但在识别细小物体时，小卷积核便显得短小精悍了。不同大小的卷积核，在同一张图像中可以提取更多特征，进而提高分类的准确度，如图 5.21 所示。

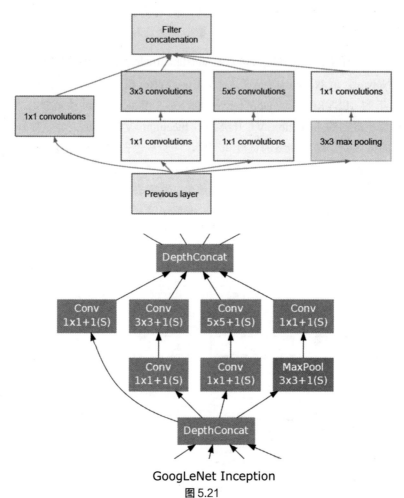

GoogLeNet Inception
图 5.21

GoogLeNet Inception 模型。

```
def inception(
    input,  # 输入
    name,   # inception 模块名
    channels,  # 输入通道
    filter_num1,  # 左侧1 1×1 卷积核
    filter_num2,  # 左侧2 1×1 卷积核
    filter_num3,  # 右侧2 1×1 卷积核
    filter_num4,  # 左侧2 3×3 卷积核
    filter_num5,  # 右侧2 5×5 卷积核
    filter_num6   # 右侧1 1×1 卷积核
```

```
):

    conv_1 = paddle.layer.img_conv(
        input=input,
        name=name+'conv_1',
        filter_size=1,
        num_channels=channels,
        num_filters=filter_num1,
        stride=1,
        padding=0
)

    conv_2 = paddle.layer.img_conv(
        input=input,
        name=name+'conv_2',
        filter_size=1,
        num_filters=filter_num2,
        num_channels=channels,
        stride=1,
        padding=0
)

    conv_3 = paddle.layer.img_conv(
        input=input,
        name=name+'conv_3',
        filter_size=1,
        num_filters=filter_num3,
        num_channels=channels,
        stride=1,
        padding=0
)

    pool = paddle.layer.img_pool(
        input=input,
        name=name+'pool',
        pool_size=3,
        stride=1,
        padding=1,
        num_channels=channels,
        pool_type=paddle.MaxPool()
)

    conv_3x3 = paddle.layer.img_conv(
        input=conv_2,
        name=name+'conv_3x3',
        filter_size=3,
        num_filters=filter_num4,
        padding=1,
        stride=1
)
```

```
    conv_5x5 = paddle.layer.img_conv(
        input=conv_3,
        name=name+'conv_5x5',
        filter_size=5,
        num_filters=filter_num5,
        padding=2,
        stride=1
)

    conv_1x1 = paddle.layer.img_conv(
        input=pool,
        name=name+'conv_1x1',
        filter_size=1,
        num_filters=filter_num6,
        padding=1,
        stide=1
)

    conv_concat = paddle.layer.concat(
        name=name+'concat',
        input=[conv_1, conv_1x1, conv_3x3, conv_5x5]
)

return conv_concat
```

6. ResNet

刚看到 GoogLeNet 时你可能会被其深度惊讶到，因为在此之前从未接触过如此深的神经网络，但请先保持淡定，因为我们马上会看到一个比 GoogLeNet 还要深的网络模型——ResNet。

GoogLeNet 和 VGG 在 2014 年 ILSVRC 图像分类大赛中一举夺得高地，但研究并没有止步于此，2015 年来自 MSRA（Microsoft Research Asia）视觉研究组的 Kaiming He 等人提出了一种新颖的模型 Deep Residual Networks，简称 ResNet，在 2015 年 ImageNet 图像分类中以 top-5 3.57%的错误率远远领先于第二名 GoogLeNet。

ResNet 又名深度残差网络，模型规模可以从简单的 10～20 层上升到 1200 层！可谓真正意义上实现了"深度"学习。前面提到过，提高模型的性能和精度可以从拓展网络的深度和宽度开始，然而随着深度和宽度的增大，不可避免地存在两个问题：计算性能和参数数量。在之前的 GoogLeNet 模型中选择了最优 Inception 结构解决了这些问题，然而，随着网络的深度增加，另一个严重的问题也会凸显出来——Gradient Vanishing（梯度消失）。因此，如果直接通过堆叠卷积网络来加深结构，精度并不一定会提高，反而会下降，Kaiming He 等人利用 CIFAR 数据集对比了 20 层和 56 层模型的效果，如图 5.22 所示。

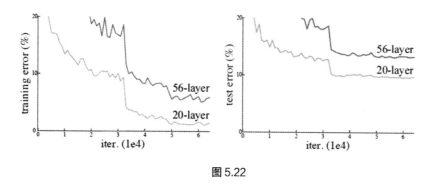

图 5.22

因此，简单地加深模型并不一定能达到提升精度的目的，在此之前我们讨论过，Sigmoid 和 Tanh 这些激活函数会引起梯度消失，主要是因为这些函数具有饱和性，很容易进入饱和区而使得导数接近 0，进而导致梯度几乎趋为 0。而在深层网络中，梯度是反向传播的，即一层一层向后传递，梯度在反向传播的过程中越变越小，导致模型无法再训练。

在图 5.22 中，56 层模型相比 20 层的准确率已经下降了不少，那么 ResNet 是如何利用 152 层深层网络来获得如此高的准确率的呢？答案就是，它有独特的结构。

Deep Residual Network 引入了一种特殊的结构——Residual Building Block，除简单的权重层（卷积神经网络）进行前馈外，在输入处还引出了一条 shortcut 直接与输出相加，如图 5.23 所示。

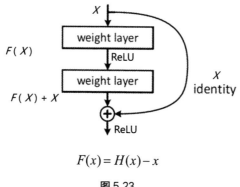

$$F(x) = H(x) - x$$

图 5.23

$F(x)$ 是假设模型的一个复杂的非线性函数，我们的假设函数 $H(x)$ 可以看成是非线性函数 $F(x)$ 和输入 x 恒等映射的叠加。其中，$F(x)$ 可以通过叠加多层卷积网络来实现，利用 ReLU 函数进行激活。通过重复叠加多个 Residual Block 就可以组成一个深层神经网络，如图 5.24 所示。

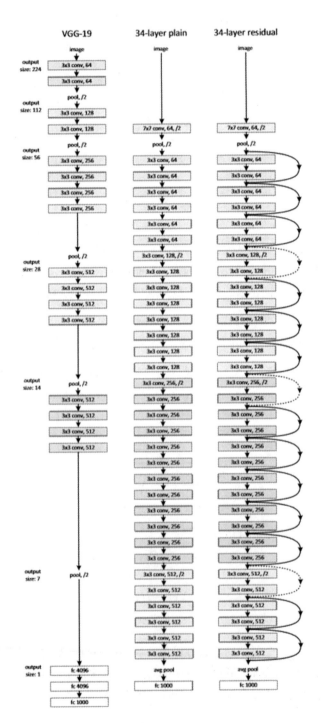

图 5.24

可能大家会有疑问，之前提到的梯度消失可以通过 Residual Block 解决吗？答案是肯定的。我们不妨对 ResNet 的梯度简单计算一下：

$$\frac{\partial X_L}{\partial X_l} = \frac{\partial (X_l + F(X_l, W_l, b_l))}{\partial X_l} = 1 + \frac{\partial F(X_l, W_l, b_l)}{\partial X_l}$$

引入输入 X 的恒等映射后，即使网络再深，梯度也不会消失。

在 ResNet 的正式实现中，*F(x)* 采用的三层卷积网络如图 5.25 所示

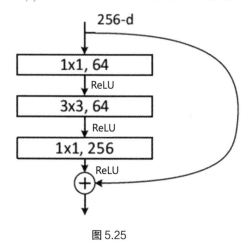

图 5.25

同样，ResNet 中也使用了 3×3 和 1×1 的小型卷积核，具有参数少、计算效率高等优点。同时，1×1 的卷积核可以灵活升降维度，减少参数。

在 ImageNet 竞赛中，ResNet 以 3.57 的 top-5 错误率成功夺得了 2015 年度图像分类冠军，如图 5.26 所示。

method	top-5 err. (test)
VGG [41] (ILSVRC'14)	7.32
GoogLeNet [44] (ILSVRC'14)	6.66
VGG [41] (v5)	6.8
PReLU-net [13]	4.94
BN-inception [16]	4.82
ResNet (ILSVRC'15)	**3.57**

图 5.26

ResNet 凭借其深度带来的优势已经在很多领域得到广泛应用，在图像检测、图像定位以及图像分割方向均取得了卓越的成绩，ResNet 无疑是"深"度神经网络的一个风向标，凭借

其残差可以拓展至千层神经网络，之后又诞生了 Residual LSTM、Deep Residual RNN 之类的深度循环神经网络。

5.3 拓展

1. SSD 物体检测模型

SSD（Single Shot MultiBox Detector）是作者 Liu Wei 在 2016 年 ECCV（European Conference on Computer Vision）的一篇关于物体检测的论文。物体检测也是深度学习的一个研究方向，与图像分类和图像识别关系十分紧密。

SSD 利用单个深度神经网络获得图像中目标精确的 Bounding Box，相比之前的工作，SSD 在精确度和速度上均具有很大的提升。

下面来学习 SSD 是如何完成 Object Detection（目标检测）的。

SSD 模型是一个前馈多层卷积神经网络，中间引入了 VGG-16，通过多层卷积神经网络来产生一系列物体的 Bounding Box 以及每个 Bounding Box 的置信度，也就是该 Box 的得分。将卷积神经网络得到的一系列 Bounding Box 汇总，利用 NMS（Non Maximum Suppression，非最大值抑制）算法获得最佳的那个 Bounding Box，然后模型的输出就是得到的最佳的那个 Bounding Box。

神经网络模型如图 5.27 所示。

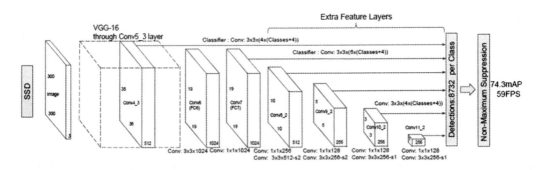

图 5.27

当然，SSD 模型的具体细节肯定不是这么简单。SSD 中提出了两个概念，一个是 Default Box，另一个是 Feature Map Cell。Default Box 是一系列默认可选并且尺寸固定的 Bounding Box 集合，这个集合有各种尺寸的 Bounding Box。而 Feature Map Cell 则是将 Feature Map 切分成了 8×8 和 4×4 的小格子，如图 5.28 所示。

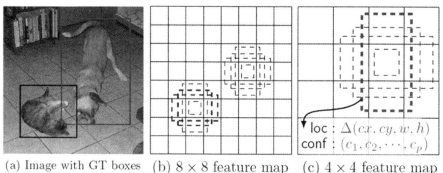

(a) Image with GT boxes　(b) 8×8 feature map　(c) 4×4 feature map

图5.28

而 Default Box 和 Feature Map Cell 有什么关系呢？从图 5.28 可以看出，SSD 中每个 Feature Map Cell 上都有一系列的 Default Box。

在前面多层基础网络后，SSD 通过一些附加结构来达到更好的检测效果。

Multi-scale feature maps for detection: 在基础网络之后添加了几层卷积层，这些卷积层的大小是逐渐减小的，以便于在不同规模下能够检测出目标。

Convolutional predictors for detection: 在 SSD 中，每一个添加的 Feature Layer，通过一系列卷积核都可以产生一系列固定大小的预测。

Default boxes and aspect ratios: 每个 Default Box 与 Feature Map Cell 的位置是固定的。在每一个 Feature Map Cell 中，预测得到的 Bounding Box 和预先设定的 Default Box 存在一个偏移量（offset），概率（score）也是和 Box 一起预测得到的。

在训练 SSD 时，图像中目标的真实 Bounding Box，也就是 Groundtruth，需要赋在固定输出的 Box 上。例如图 5.28 中，图像中狗的 Bounding Box 已经用红色边框标记出来了，Groundtruth 需要映射到 Feature Map Cell 中的 Default Box 上，然后就可以端到端（End to End）地进行模型训练了。

论文地址：https://arxiv.org/pdf/1512.02325.pdf。

2. NMS 算法介绍

（1）Prisma 滤镜

最近几年，相机和滤镜的应用非常火爆，当然也可以从中体会到计算机视觉领域发展的蓬勃态势。各大滤镜应用中，最具风格的就是 Prisma 这款滤镜了，这款滤镜可以将照片和经典名画结合起来，让自己拍的照片立刻变成一副抽象派或者印象派画作。

变化前如图 5.29 所示。

图 5.29

变化后如图 5.30 所示。

图 5.30

看了这些惊艳的图片，不免有所疑问，这种滤镜是如何将普普通通的图片变成名画风格的呢？

当然，这个问题正是 Prisma 这类滤镜的独特之处——图像风格迁移。Gatys 在 *Image Style Transfer Using Convolutional Neural Networks* 中详细介绍了如何利用卷积神经网络来实现图像风格迁移，最后达到这种名画的效果。

在此之前，转换图像风格的方法大多是通过对特殊风格图像的纹理进行采样，保留原图的结构，然后将原图的结构和采样得到的纹理结合生成新图。这类方法只能做到低级别的提取和转移，若要深入提取风格特征和图像语义，这类方法就略显不足。然而，深层神经网络恰好可以提取深层特征。

Gatys 等人通过利用 Deep Convolutional Neural Network 将图像的风格特征和内容特征分离出来，然后利用提取到的特征重建新的图像，如图 5.31 所示。

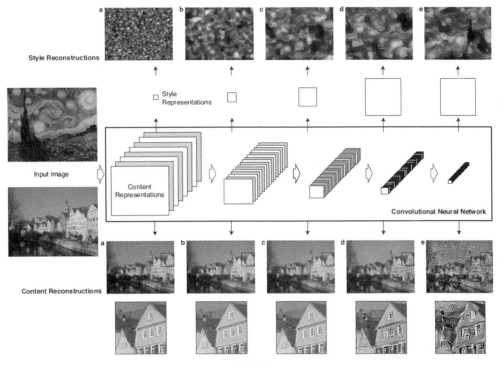

图 5.31

通过使用 VGG-19 网络一步一步提取图像的 Style 特征和 Content 特征，两种特征提取共用同一个 CNN 网络，不同 Layer 提取的特征不同，更高的层具有更抽象的特征。

在具体转换实现中，输入 x 是一个白噪声图像，方法中定义了两种 Loss 函数：一种是 Style Loss，即生成图像与原风格图像在 Style 特征上的误差；另一种是 Content Loss，即生成图像和原内容图像在 Content 特征上的误差。通过优化这两种误差来不断修正输入 x 图像，使其逼近理想的结果图像，如图 5.32 所示。

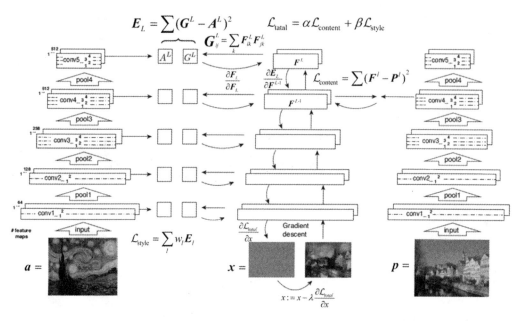

图 5.32

Style transfer algorithm：首先是风格图像 a 通过前馈 CNN 网络，得到风格特征表示 A^l（多层存储）；接着内容图像 p 通过前馈 CNN 网络，提取到内容特征表示 P^l（单层存储）；最后白噪声图像 x 通过前馈 CNN 网络，同时得到 Style 特征 G^l 和 Content 特征 F^l，然后通过计算 Content Loss 和 Style Loss 来重建合成后的图像。

Style Loss（多层 Loss 的和）：

$$\mathcal{L}_{\text{style}}(\boldsymbol{a}, \boldsymbol{x}) = \sum_{l=0}^{L} w_l \boldsymbol{E}_l ,$$

Content Loss（单层 Loss）：

$$\mathcal{L}_{\text{content}}(\boldsymbol{p}, \boldsymbol{x}, l) = \frac{1}{2} \sum_{i,j} (\boldsymbol{F}_{ij}^l - \boldsymbol{P}_{ij}^l)^2.$$

总 Loss：

$$\mathcal{L}_{\text{total}}(\boldsymbol{p}, \boldsymbol{a}, \boldsymbol{x}) = \alpha \mathcal{L}_{\text{content}}(\boldsymbol{p}, \boldsymbol{x}) + \beta \mathcal{L}_{\text{style}}(\boldsymbol{a}, \boldsymbol{x})$$

计算得到 Loss 后，通过反向传播和梯度下降来优化 Loss 函数，从而生成带有艺术风格的图像。计算 Loss 时，修改 α 和 β 两个参数的比值会影响风格和内容的匹配度，比值越小，生成的图像越符合艺术原图风格；比值越大，生成的图像越符合内容原图。

看到这里，是否已经感受到这个算法的精妙？可以自己动手去用 PaddlePaddle 实现一下这个算法，做一个自己的艺术风格滤镜。

论文地址：

http://www.cv-foundation.org/openaccess/content_cvpr_2016/papers/Gatys_Image_Style_Transfer_CVPR_2016_paper.pdf

参考文献

[1] Ian Goodfellow, Yoshua Bengio, Arron Courville. Deep Learning. MIT Press，2016.

[2] 吴岸城.神经网络与机器学习. 北京：电子工业出版社，2016.

[3] PaddlePaddle Documentation, http://doc.paddlepaddle.org

[4] Sergey Ioffe, Christian Szegedy.Batch Normalization: Accelerating Deep Network Training by Reducing Internal Covariate Shift

[5] Yann LeCun, Gradient-Based Learning Applied to Document Recognition

[6] Image Classfication with Deep Convolutional Neural Networks

[6] Very Deep Convolutional Networks for Large-Scale Image Recognition, https://arxiv.org/pdf/1409.1556

[7] Network In Network. https://arxiv.org/abs/1312.4400

[8] C Szegedy . Going Deeper with Convolutions. https://research.google.com/pubs/ pub43022. html

[9] Kaiming He. Deep Residual Learning for Image Recognition. https://arxiv.org/abs/ 1512.03385

[10] Liu Wei. SSD: Single Shot MultiBox Detector. https://arxiv.org/abs/1512.02325

[11] Image Style Transfer Using Convolutional Neural Networks

第 6 章

循环神经网络

6.1 RNN 简介

在前面章节，利用卷积神经网络，我们可以让机器去"看见"东西，去"认识"东西，CNN 相当于机器的双眼，但相比于人的大脑，机器还不具备记忆功能，为了让机器具备"记忆"功能，一种新型的神经网络模型诞生了——循环神经网络（Recurrent Neural Network），如图 6.1 所示。

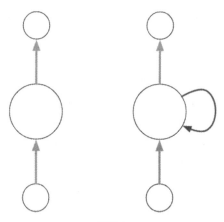

图 6.1

图 6.1 展示了最简单的循环神经网络，之前，我们遇到的大多数神经网络模型都是一种基于前馈（Feed Forward）的结构，而在带有记忆的循环神经网络中，引入了一种类似于延迟反馈的机制，通过这种机制，可以在当前输入的状态下获取之前的状态信息，实现对过去的记忆。简而言之，RNN 与之前所讨论的神经网络的最大区别就是，它的输出不仅与当前的输入有关，还与之前的输入有关。

将图 6.1 环形展开后，可以很方便地理解 RNN 的本质，如图 6.2 所示。

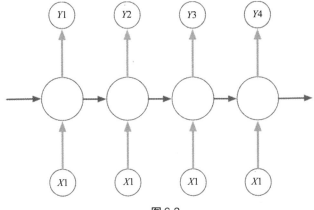

图 6.2

对于循环神经网络，我们的输入是一个序列，或者更确切的是一个基于时间的序列，序列内部存在先后顺序。图 6.2 中，不妨假设我们的输入序列是：

$$x = [x_1, x_2, x_3, x_4]$$

对应的输出序列是：

$$y = [y_1, y_2, y_3, y_4]$$

输入 x 通过循环神经网络后，可以从展开图（Unfolded Graph）中看出，输出 y_1 不仅与输入 x_1 有关，同时前面的输入也会影响 y_1。同理，我们之后的输出 y_2 也应该与 x_2 和 x_1 以及更早的输入有关。因此，不妨用一个简单的函数来表示输出与输入的关系：

$$y_i = f(x_i, x_{i-1}, x_{i-2}, \ldots)$$

通过展开图和时间序列，我们大概已经初步了解到了 RNN 的原理。RNN 与前面所说的一样，具有记忆功能，能够利用之前得到的信息来对之后的情况做出决策与判断。

了解到 RNN 的记忆性后，你可能会有疑问，循环神经网络是怎样来记忆的？RNN 是否也与 CNN 一样有着参数共享？下面就通过一些简单的表示和推导来帮助深入理解循环神经网络。

当然，使用循环神经网络的展开图来分析其原理是再合适不过了，如图 6.3 所示。

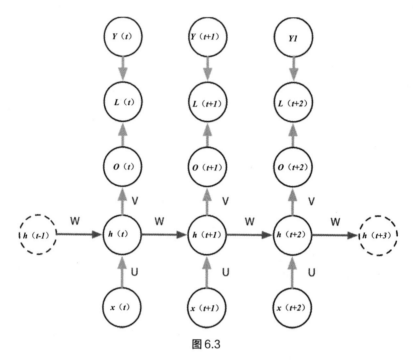

图 6.3

我们假设在 t 时刻模型输出为 o_t，真实值为 y_t，计算得到的损失值为 L_t。此外，我们的展开图中多了一个隐藏变量 h_t。隐藏变量的主要作用就是为循环神经网络提供一种状态，利用这个变量，可以获取之前的状态，并用当前的输入来计算得到当前响应的状态，然后更新状态，通过这个状态变量，可以实现记忆性。

卷积神经网络的一个相当大的优势就是可以进行参数共享，利用参数共享在不降低准确率的条件下可以减少参数量与计算量。在循环神经网络中，参数共享依然存在。

从图 6.3 中可以得知，每个时刻的输入都有一个输出，隐藏单元之间具有单向循环连接的关系，单向可以保证状态的时序性。

对于 RNN，我们可以利用状态更新方程来描述。

（1）隐藏状态更新：隐藏状态依赖于前期的状态（h_{t-1}）与当前的输入 x_t：

$$a(t) = b + Wh(t-1) + Ux(t)$$

$$h(t) = \tanh(a(t))$$

其中，b 为隐藏状态变量的偏置。

（2）当前时刻的输出：

$$O(t) = f(Vh(t)+c)$$

利用当前隐藏状态变量（h_t）和偏置 c，以及激活函数，就可以获得当前时刻的输出。对于分类问题，输出激活函数一般为 Softmax。

循环神经网络的记忆功能是这些参数矩阵 U、V、W 以及隐藏状态的功劳，输入时间序列，随着时间的推移，隐藏状态不断更新，输出也会随着隐藏状态的变更而改变。

对于循环神经网络，PaddlePaddle 提供了最简单的实现，也就是上面介绍的那种带有隐藏状态和共享权值的网络：

```
paddle.v2.layer.recurrent(*args, **kwargs)
```

6.2 双向循环神经网络

对于前面提到的 RNN，我们只考虑了过去时间对当前时间的影响，即在 t 时刻的输出只与当前输入和过去（t-1, t-2,……）的输入有关，而与未来的输入 t+1 无关。对于一般基于时间的序列模型，这样的模型非常合理，但对于一般的序列问题，例如语音，只依赖过去时刻的输入会出现一些偏差，我们在语言学习中常常讨论通过上下文进行分析，普通的 RNN 只是对上文进行了分析，对于语音问题，我们需要考虑上下文的影响。对于 t 时刻的输出，我们需要同时考虑 t-1 以及 t+1 的输入，即需要一种既可前向又可反向的循环神经网络。

双向循环神经网络的提出便是为了解决前后依赖的序列问题，如图 6.4 所示。

前面讨论的循环神经网络中，记忆功能主要通过隐藏变量 h 实现，因为 t 时刻的状态 h 依赖之前 t-1、t-2 等时刻的状态。在双向循环神经网络中，我们添加了一个新的隐藏变量 g，用途同隐藏变量 h。与 h 不同的是，状态 g 依赖于之后的时刻，即 t+1、t+2 等时刻的状态。通过两个隐藏状态变量，便可以实现双向依赖，即当前时刻的状态与输出同时依赖于过去时间的输入和未来时间的输入。

了解到双向循环神经网络的结构后，再来了解其作用。前面提到，在语音方面，语音输入需要获取上下文信息然后进行其他处理，此外，自然语言处理中，利用双向循环神经网络捕获上下文信息是最基本的方法。在一般的序列建模问题中，可以考虑通过序列中时间点的依赖关系或者上下文关系来决定是否使用双向循环神经网络。

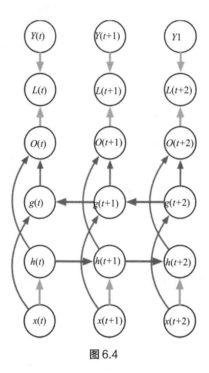

图 6.4

对于双向循环神经网络，我们可以通过两层相反方向的 RNN 来实现：

```
def bidirectional_rnn(x):
    # 正向
    forward = paddle.layer.recurrent(
        input=x,
        reversed=False
    )
    # 反向
    backward = paddle.layer.recurrent(
        input=x,
        reversed=True
    )

    output = paddle.layer.concat(
        input=[forward, backward]
    )

return output
```

当然，recurrent layer 一般不会用到实际中。对于更高级的循环神经网络，如 LSTM 和 GRU，PaddlePaddle 已经提供了双向网络的接口。

6.2.1　LSTM

长短期依赖一直是深度学习中的一个难题，依靠简单的循环神经网络，可以令当前时刻与过去的一定时间序列产生联系，但根据 BPTT 算法，经过多步时间点的传播，梯度可能出现消失或者爆炸的情况，模型几乎很难再去优化。

1. 原理

LSTM 中使用一种记忆单元 Memory Cell 来存储信息并更新状态，LSTM 配备了三个门：输出门、输入门和遗忘门，如图 6.5 所示。

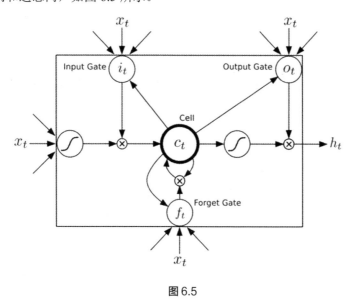

图 6.5

对于 LSTM 的输入，主要有三部分：当前时刻的输入 x_t，前一时刻的 Cell 状态 c_{t-1}，前一时刻的隐状态 h_{t-1}。

对于输入门 i_t，可建立如下关系：

$$i_i = \sigma(W_{xi}x_t + W_{hi}h_{t-1} + W_{ci}c_{t-1} + b_i)$$

σ 为 Sigmoid 激活函数，每一个输入都有相应的权值矩阵。

遗忘门 f_t 更新值：

$$f_t = \sigma(W_{xf}x_t + W_{hf}h_{t-1} + W_{cf}c_{t-1} + b_f)$$

Cell 存储信息 c_t 更新：

$$c_t = f_t c_{t-1} + i_t \tanh(W_{xc} x_t + W_{hc} h_{t-1} + b_c)$$

其中 Cell 的更新依赖于遗忘门的激活值，遗忘门可以决定是否放弃之前的记忆 c_{t-1}，或者遗忘，或者强化。同时，Cell 的更新依赖于输入 x_t 与 h_{t-1}，通过输入门控制，这样就可以通过遗忘门和输入门以及这些变量的激活值来更新 Cell 的记忆，从而控制记忆的长短。

输出门 o_t：

$$o_t = \sigma\left(W_{xo} x_t + W_{ho} h_{t-1} + W_{co} c_t + b_o\right)$$

当 Cell 更新后，利用输入值和 Cell 存储的信息进行非线性激活得到网络输出值。

h_t 更新：

$$h_t = o_t \tanh(c_t)$$

通过上述五个更新方程，便可以实现具有长短期记忆功能的循环神经网络。

2. 接口

（1）lstmemory：

```
paddle.v2.layer.lstmemory(*args, **kwargs)
```

lstmemory 是 PaddlePaddle 提供的低层次的 LSTM 实现的接口，其中只是出现了 Cell 部分的计算，没有整合输入 x_t，需要通过添加 mixed 层来辅助完成输入到隐层（input to hidden）的映射。在初期使用中，不建议直接使用这个接口，PaddlePaddle 提供了更高层、更易用的 LSTM 层。

（2）simple_lstm。

simple_lstm 是对 lstmemory 的封装，它提供了一个完整的 LSTM 网络的实现，如果对 simple_lstm 感兴趣，则可以通过查看源码来了解内部细节。

利用 PaddlePaddle 的 networks 可以很方便地构建 LSTM 网络。

```
paddle.v2.networks.simple_lstm(*args, **kwargs)
```

参数说明如下。

input	输入数据（LayerType）
size	lstmemory 单元数
reverse	是否反序
act	激活函数
gate_act	门激活函数（三个门）
state_act	状态激活函数（h）

mat_param_attr	mixed 层参数属性
bias_param_attr	lstmemory 层偏置属性
inner_param_attr	lstmemory 内部参数属性
lstm_cell_attr	lstmemory 内 Cell 的属性

此外，在 PaddlePaddle 中还提供了底层的 Memory Cell 的封装，用来定义拓展 LSTM 网络模型。

（3）双向 LSTM 网络接口。

前面已经介绍了双向循环神经网络的原理和结构，PaddlePaddle 中提供了双向 LSTM 的高级接口：

```
paddle.v2.networks.bidirectional_lstm(*args, **kwargs)
```

双向 LSTM 的实现，也是将一层正向 LSTM 和一层逆向 LSTM 通过 concat 拼接起来，组合成一个新的输出序列。其中，参数包含了两层 simple_lstm 的参数，不过对于不同 simple_lstm 层的参数，添加了 bwd_ 和 fwd_ 前缀作为区别，如 fwd_act 和 bwd_act。

6.2.2　GRU

除 LSTM 外，另一种循环神经网络也利用"门"实现了长短期记忆功能，即 Gated Recurrent Unit，通常简称为 GRU。GRU 的效果与 LSTM 相当，但其参数比 LSTM 少很多。

1. 原理

GRU 依然采用门来控制，但 GRV 没有输入门、输出门、遗忘门和记忆单元 Cell，而是利用 reset 门与 update 门来描述长短期记忆，如图 6.6 所示。

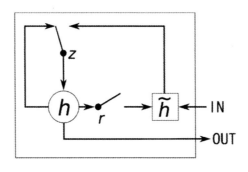

图 6.6

通过 update 门与前一时刻的状态 h_{t-1}，以及备选更新的状态变量 $\tilde{h}_t$ 更新状态 h_t：

$$h_t = (1 - z_t)h_{t-1} + z_t\tilde{h}_t$$

更新门 z_t 由前一状态和当前输入决定：

$$z_t = \sigma\left(W_{xz}x_t + W_{hz}h_{t-1}\right)$$

备选状态更新 $\tilde{h}_t$：

$$\tilde{h}_t = \tanh\left(W_{hx}x_t + U(r_t \odot h_{t-1})\right)$$

重置门 r_t 更新：

$$r_t = \sigma\left(W_{xr}x_t + W_{hr}h_{t-1}\right)$$

2. 接口

PaddlePaddle 中提供了类似于 LSTM 的 API

```
paddle.v2.networks.simple_gru(*args, **kwargs)
```

参数说明如下：

input	输入数据（LayerType）
size	GRU 单元数
reverse	是否反序
act	激活函数
gate_act	门激活函数
mat_param_attr	mixed 层参数属性
gru_bias_attr	GRU 层偏置属性
gru_param_attr	GRU 内部参数属性
gru_cell_attr	GRU 层属性

6.2.3　递归神经网络

循环神经网络（Recurrent Neural Network）可简称为 RNN，实际上还有一种模型有时候也会被简称为 RNN，这种模型就是递归神经网络（Recursive Neural Network）。递归神经网络与我们常见的递归算法一样，其结构类似于树形结构，自底向上进行计算，如图 6.7 所示。

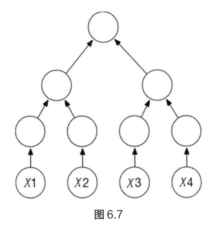

图 6.7

6.3　循环神经网络使用场景

1. One to One（一对一）

一对一是我们常见的前馈神经网络，每一时刻的输入对应一个输出，不涉及时间依赖关系，如图 6.8 所示。

图 6.8

2. Many to One（多对一）

多对一利用输入的一个时间序列，经过循环神经网络然后输出单个结果，如图 6.9 所示。多对一模型用途很广泛，在 NLP 中，我们常常会处理时间序列相关的输入，获得序列中的一些整体特征。例如，文本的情感分析，输入是一个文字序列，而输出可能只是用一个二元值来表示情感的正反。

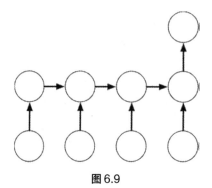

图6.9

3. One to Many（一对多）

一对多模型类似于我们的解码器，单个输入对应一个时间序列的输出，如图 6.10 所示。在 Sequence to Sequence 模型中，一对多将作为生成序列的 Decoder，在机器翻译、序列问题中应用广泛。此外，在人工智能领域有一种图像到文字内容的研究——Image Caption，即输入一张图片，通过神经网络生成一句图片的描述，一对多模型便可以运用到这里，输入即是图片，而输出便是一个文字序列。

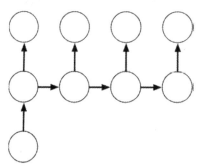

图6.10

4. Many to Many（多对多）

多对多模型有两种方式，一种是输入序列与输出序列在时间轴上对齐的模型，如图 6.11 和图 6.12 所示；另一种是将要介绍的 Sequence to Sequence 模型。

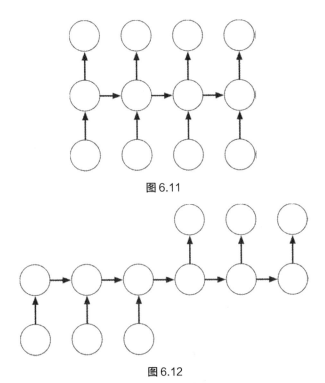

图 6.11

图 6.12

对于输入输出对齐的模型，在视频中运用得比较广泛。将视频分解为一帧帧，对每一帧的图像进行分类或者标注之类的工作。这类 Many to Many 模型主要用于每个时刻的输入对应一个输出，输入的是一个时间序列，输出是等长的时间序列。

对于 Sequence to Sequence 这类多对多的模型，在机器翻译中，我们无法做到序列输入的每一帧去对应于输出序列的每一帧，但从语言的角度来看，我们输入的是中文序列，输出的却是英文序列，其长度、类型均与输入的中文序列没有直接联系。对于 Sequence to Sequence，我们将在后面详细讨论。

6.4 预测 sin 函数序列

循环神经网络以其良好的记忆性可以用来做时序预测，相比马尔可夫链，RNN 可以用来做长短期的预测。相比于 ARIMA 这些数学模型，RNN 可以凭借其神经网络的优势提取深层特征，准确率与随机序列的数学模型相比有大幅提升。

了解了 RNN 之后，我们可以尝试着用 LSTM 模型来实现一个简单的正弦序列预测。

首先是数据，利用 Python 可以生成一个正弦数据集，选择的时间间隔是 1。

正弦函数：

$$f(x)=4\sin(3x)+2.5\cos(6x)+10\sin(x)+10.3$$

生成脚本：其中 first_num 用来确定第一个点的位置，以便生成不同的测试集和训练集，输入序列为 10×1 的向量，预测一个点的函数值。

```
def generator_sine_wave_data(first_num, n, timestep, filename):

    def sine_f(x):
        x = x + first_num
        return 4*math.sin(3*x) + 2.5*math.cos(6*x)+10*math.sin(x) + 10.3

    data = []
    for i in range(0, n-timestep-1):
        x = [sine_f(p) for p in range(i, i+timestep)]
        y = sine_f(i+timestep)
        data.append((x, y))

    with open('data/%s' % filename, 'w+') as openFile:
        for data_pair in data:
            line = ','.join(['%s' % x for x in data_pair[0]])
            line += ',%s\n' % data_pair[1]
            openFile.write(line)
```

调用脚本生成测试集和训练集：

```
# 生成 10000 个训练样本，初始点为 3.2
generator_sine_wave_data(3.2, 10011, 10, 'train.data')
# 生成 1000 个测试样本，出试点为 5.8
generator_sine_wave_data(5.8, 1011, 10, 'test.data')
```

生成数据如图 6.13 所示。

```
-0.743522544202,16.7423758961,13.967759627,17.913012099,1.45196617063,2.85423383872,0.0947688092558,15.615226202,18.7069756057,21.4823603895,10.4188751241
16.7423758961,13.967759627,17.913012099,1.45196617063,2.85423383872,0.0947688092558,15.615226202,18.7069756057,21.4823603895,10.4188751241,4.37084812675
13.967759627,17.913012099,1.45196617063,2.85423383872,0.0947688092558,15.615226202,18.7069756057,21.4823603895,10.4188751241,4.37084812675,4.15602813134
17.913012099,1.45196617063,2.85423383872,0.0947688092558,15.615226202,18.7069756057,21.4823603895,10.4188751241,4.37084812675,4.15602813134,11.6024619485
1.45196617063,2.85423383872,0.0947688092558,15.615226202,18.7069756057,21.4823603895,10.4188751241,4.37084812675,4.15602813134,11.6024619485,21.6719871774
2.85423383872,0.0947688092558,15.615226202,18.7069756057,21.4823603895,10.4188751241,4.37084812675,4.15602813134,11.6024619485,21.6719871774,19.5377952839
0.0947688092558,15.615226202,18.7069756057,21.4823603895,10.4188751241,4.37084812675,4.15602813134,11.6024619485,21.6719871774,19.5377952839,15.3982930399
15.615226202,18.7069756057,21.4823603895,10.4188751241,4.37084812675,4.15602813134,11.6024619485,21.6719871774,19.5377952839,15.3982930399,0.793105873471
18.7069756057,21.4823603895,10.4188751241,4.37084812675,4.15602813134,11.6024619485,21.6719871774,19.5377952839,15.3982930399,0.793105873471,3.24961569174
21.4823603895,10.4188751241,4.37084812675,4.15602813134,11.6024619485,21.6719871774,19.5377952839,15.3982930399,0.793105873471,3.24961569174,2.63932453874
10.4188751241,4.37084812675,4.15602813134,11.6024619485,21.6719871774,19.5377952839,15.3982930399,0.793105873471,3.24961569174,2.63932453874,18.4952002019
4.37084812675,4.15602813134,11.6024619485,21.6719871774,19.5377952839,15.3982930399,0.793105873471,3.24961569174,2.63932453874,18.4952002019,14.3270016589
4.15602813134,11.6024619485,21.6719871774,19.5377952839,15.3982930399,0.793105873471,3.24961569174,2.63932453874,18.4952002019,14.3270016589,16.4322760857
11.6024619485,21.6719871774,19.5377952839,15.3982930399,0.793105873471,3.24961569174,2.63932453874,18.4952002019,14.3270016589,16.4322760857,-1.21762375701
21.6719871774,19.5377952839,15.3982930399,0.793105873471,3.24961569174,2.63932453874,18.4952002019,14.3270016589,16.4322760857,-1.21762375701,1.8646711316
19.5377952839,15.3982930399,0.793105873471,3.24961569174,2.63932453874,18.4952002019,14.3270016589,16.4322760857,-1.21762375701,1.8646711316,-1.45080082392
15.3982930399,0.793105873471,3.24961569174,2.63932453874,18.4952002019,14.3270016589,16.4322760857,-1.21762375701,1.8646711316,-1.45080082392,16.0277250115
0.793105873471,3.24961569174,2.63932453874,18.4952002019,14.3270016589,16.4322760857,-1.21762375701,1.8646711316,-1.45080082392,16.0277250115,15.6490692616
3.24961569174,2.63932453874,18.4952002019,14.3270016589,16.4322760857,-1.21762375701,1.8646711316,-1.45080082392,16.0277250115,15.6490692616,19.809799813
2.63932453874,18.4952002019,14.3270016589,16.4322760857,-1.21762375701,1.8646711316,-1.45080082392,16.0277250115,15.6490692616,19.809799813,5.52816774431
18.4952002019,14.3270016589,16.4322760857,-1.21762375701,1.8646711316,-1.45080082392,16.0277250115,15.6490692616,19.809799813,5.52816774431,4.0172277854
14.3270016589,16.4322760857,-1.21762375701,1.8646711316,-1.45080082392,16.0277250115,15.6490692616,19.809799813,5.52816774431,4.0172277854,2.32952059506
16.4322760857,-1.21762375701,1.8646711316,-1.45080082392,16.0277250115,15.6490692616,19.809799813,5.52816774431,4.0172277854,2.32952059506,14.5552168623
-1.21762375701,1.8646711316,-1.45080082392,16.0277250115,15.6490692616,19.809799813,5.52816774431,4.0172277854,2.32952059506,14.5552168623,20.9459910671
1.8646711316,-1.45080082392,16.0277250115,15.6490692616,19.809799813,5.52816774431,4.0172277854,2.32952059506,14.5552168623,20.9459910671,21.5036212148
-1.45080082392,16.0277250115,15.6490692616,19.809799813,5.52816774431,4.0172277854,2.32952059506,14.5552168623,20.9459910671,21.5036212148,13.6199848314
16.0277250115,15.6490692616,19.809799813,5.52816774431,4.0172277854,2.32952059506,14.5552168623,20.9459910671,21.5036212148,13.6199848314,3.22976623455
15.6490692616,19.809799813,5.52816774431,4.0172277854,2.32952059506,14.5552168623,20.9459910671,21.5036212148,13.6199848314,3.22976623455,4.34505103504
19.809799813,5.52816774431,4.0172277854,2.32952059506,14.5552168623,20.9459910671,21.5036212148,13.6199848314,3.22976623455,4.34505103504,7.5547903763
5.52816774431,4.0172277854,2.32952059506,14.5552168623,20.9459910671,21.5036212148,13.6199848314,3.22976623455,4.34505103504,7.5547903763,20.6187784906
4.0172277854,2.32952059506,14.5552168623,20.9459910671,21.5036212148,13.6199848314,3.22976623455,4.34505103504,7.5547903763,20.6187784906,16.8217027415
```

图 6.13

训练数据处理完成后就可以开始创建预测模型了。

```python
def network(x):
    recurrent = paddle.networks.simple_lstm(
        input=x,
        size=10,
        act=paddle.activation.Relu()
)

    fc_1 = paddle.layer.fc(
        input=recurrent,
        size=1,
        act=paddle.activation.Linear()
    )
output = paddle.layer.last_seq(input=fc_1)

return output
```

模型使用了一层 LSTM 网络，由于输出为 1，所以添加了一层全连接网络，并使用了线性激活函数。

```python
def train(x_, model_path, is_predict=False):

    paddle.init(use_gpu=False, trainer_count=1)
    # 步长
TIME_STEP = 10

    x = paddle.layer.data(
        name='x',
        type=paddle.data_type.dense_vector_sequence(TIME_STEP)
    )
    # 模型输出
output = network(x)

    # 训练
if not is_predict:

        label = paddle.layer.data(
            name='y',
            type=paddle.data_type.dense_vector(
                dim=1
            )
        )
        # 计算损失
        loss = paddle.layer.mse_cost(input=output, label=label)

        parameters = paddle.parameters.create(loss)
        # Adam 优化算法
        optimizer = paddle.optimizer.Adam(
```

```
            learning_rate=1e-3,
            regularization=paddle.optimizer.L2Regularization(rate=8e-4)
    )

    trainer = paddle.trainer.SGD(cost=loss,
                            parameters=parameters,
                            update_equation=optimizer)
    feeding = {'x': 0, 'y': 1}

    # 训练事件处理
    def event_handler(event):

        if isinstance(event, paddle.event.EndIteration):
            if event.batch_id % 50 == 0:
                print ("\n pass %d, Batch: %d cost: %f"
                        % (event.pass_id, event.batch_id, event.cost))
            else:
                sys.stdout.write('.')
                sys.stdout.flush()
        if isinstance(event, paddle.event.EndPass):
            # save parameters
            feeding = {'x': 0,
                        'y': 1}
            with gzip.open('output/params_pass_%d.tar.gz' %
event.pass_id, 'w') as f:
                parameters.to_tar(f)
            filepath = 'data/test.data'
            # 测试数据
            test_reader=data_provider.data_reader(filepath)
            result = trainer.test(
                reader=paddle.batch(test_reader, batch_size=16),
                feeding=feeding)
            print ("\nTest with Pass %d, cost: %s" % (event.pass_id,
result.cost))

    train_file_path = 'data/train.data'

    reader = data_provider.data_reader(train_file_path)

    trainer.train(
        paddle.batch(reader=reader, batch_size=128),
        num_passes=200,
        event_handler=event_handler,
        feeding=feeding
    )

else:
    # 进行预测
    # 加载模型参数
    with gzip.open(model_path, 'r') as openFile:
        parameters = paddle.parameters.Parameters.from_tar(openFile)
```

```
        # 使用 infer 进行预测
        result = paddle.infer(
            input=x_,
            parameters=parameters,
            output_layer=output,
            feeding={'x':0}
        )

        return result
```

DataReader 配置，读取生成的数据文件。

```
def data_reader(path):

    def reader():
        with open(path, 'r') as openFile:
            lines = openFile.readlines()
            for line in lines:
                element = map(float, line.rstrip('\n\r').split(','))
                x = element[:-1]
                y = element[-1]
                yield x, y

    return reader
```

一切准备就绪后，就可以开始训练我们的预测模型了。一共训练了 200 轮，最后用 100 个样本进行验证，与标准（Label）曲线进行对比，如图 6.14 所示。

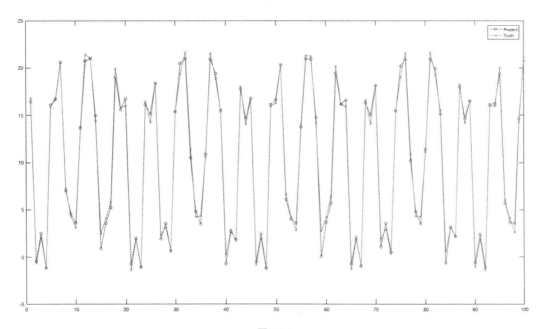

图 6.14

预测结果的 MSE= 0.3571203187，使用了最简单的 LSTM 模型，最后得到的曲线与标准曲线基本吻合（数据采用的离散点）。

6.5 拓展

Sequence to Sequence 主要运用于序列到序列问题，在机器翻译中，输入的语句被处理为一个序列，输出为翻译结果，依然是一个序列。对于机器翻译问题，输入输出的长度、类型没有直接联系，而简单的前馈神经网络无法解决这样的问题。

Sequence to Sequence 模型将循环神经网络和编解码器结合在了一起，首先利用一层 LSTM 将输入序列编码成一个固定大小的向量，然后利用第二层 LSTM 将编码得到的向量解码成一个输出序列。

如图 6.15 所示，我们输入序列为 "ABC"，LSTM 将输入编码成向量后，另一层 LSTM 将向量解码为我们的输出 "WXYZ"。LSTM 有很好的长短期序列支持能力，很难出现梯度消失或者爆炸问题（其中 EOS 表示 End of Sentence，即句尾标识符）。

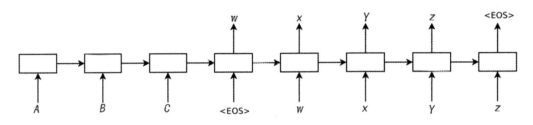

图 6.15

输入序列的每个时间点依次通过循环神经网络，其中循环神经网络内部的状态 h 也随之不断更新，最终状态 h 的值会被保存下来，作为下一层 LSTM 的初始状态。下一层获得初始状态 h 之后，便开始利用 LSTM 计算输出 y 的概率分布。

$$p(y_1, y_2, ..., y_{T_2} | x_1, .., x_{T_1}) = \prod_{t=1}^{T_2} p(y_t | v, y_1, y_2, ..., y_{t-1})$$

其中 v 就是利用 LSTM 获取输入序列的特征表示，利用 v 间接地获取 y 的概率分布。

参考文献

[1]　Ian Goodfellow. Yoshua Bengio, Arron Courville. Deep Learning. MIT Press，2016.

[2]　PaddlePaddle Documentation.http://doc.paddlepaddle.org

[3]　Alex Graves.Generating Sequences With Recurrent Neural Networks.https://arxiv.org/abs/1308.0850

[4]　Understanding LSTM Networks.http://colah.github.io/posts/2015-08- Understanding-LSTMs/

[5]　Empirical Evaluation of Gated Recurrent Neural Networks on Sequence Modeling

[6]　Sequence to Sequence Learning with Neural Networks

第 7 章

PaddlePaddle 实战

7.1　自编码器

自编码器（AutoEncoder）属于无监督学习范畴，是一种简单的神经网络。自编码器通过训练可以将输入利用网络重建出来。自编码器类似于一种压缩软件，先对输入进行压缩，将压缩后的信息存储到隐层神经元之后，再对压缩后的信息进行解压，输出之前的输入值。

自编码器可以分为两部分：一部分是 Encoder（编码器），即对输入进行编码，得到较低维度的表示；另一部分是 Decoder（解码器），即对编码的结果进行还原。

自编码器可以用来降低数据维度或者进行特征学习。当给定一个很大的输入时，利用自编码器可以将数据压缩到低维度，保留重要信息，将冗余或者无关的信息过滤掉。同时，解码器可以利用这些保留下来的信息进行重建，恢复原数据。编码器的输出即是我们得到的输入的特征信息，解码器的输入也是重要的特征信息。这样的降维方式与机器学习里的 PCA（主成分分析）和 Embedding 如图 7.1 所示。

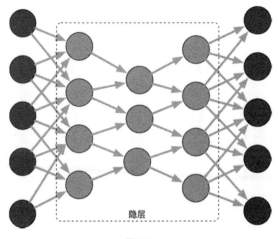

图 7.1

7.2　PaddlePaddle 实现自编码器

自编码器不需要多余的标注，输入即是输出。本节我们将实现 MNIST 自编码器。

1. 模型构建

自编码器分为编码器和解码器两部分，为了提升编码压缩的效果，分别在编码器和解码器里添加了多层隐层网络。

初始化参数：

```python
def param():
    return paddle.attr.Param(
        initial_std=0.01,
        initial_mean=0
)
```

编码器：

```python
def encoder(x_):
    x_ = paddle.layer.fc(
        input=x_,
        size=512,
        act=paddle.activation.Sigmoid(),
        param_attr=param(),
        bias_attr=param()
    )
    x_ = paddle.layer.fc(
        input=x_,
        size=256,
        act=paddle.activation.Relu(),
        param_attr=param(),
        bias_attr=param()
    )
    x_ = paddle.layer.fc(
        input=x_,
        size=128,
        act=paddle.activation.Relu(),
        param_attr=param(),
        bias_attr=param()
    )
return x_
```

解码器：

```python
def decoder(x_):
    x_ = paddle.layer.fc(
        input=x_,
        size=128,
        act=paddle.activation.Sigmoid(),
```

```
            param_attr=param(),
            bias_attr=param()
        )
    x_ = paddle.layer.fc(
            input=x_,
            size=256,
            act=paddle.activation.Relu(),
            param_attr=param(),
            bias_attr=param()
        )
    x_ = paddle.layer.fc(
            input=x_,
            size=512,
            act=paddle.activation.Relu(),
            param_attr=param(),
            bias_attr=param()
        )
    return x_
```

构建模型结构：

```
paddle.init(use_gpu=False, trainer_count=1)
x = paddle.layer.data(
        name='x',
        type=paddle.data_type.dense_vector(784)
)

y = encoder(x)
y = decoder(y)
y = output(y)
```

采用 MSE（均方误差）计算损失，使用 RMSProp 优化方法和 0.001 的学习率进行优化：

```
optimizer = paddle.optimizer.RMSProp(
        learning_rate=1e-3,
        regularization=paddle.optimizer.L2Regularization(rate=8e-4)
)

loss = paddle.layer.mse_cost(label=x, input=y)
```

创建 trainer 并添加 event_handler：

```
parameters = paddle.parameters.create(loss)

trainer = paddle.trainer.SGD(
        cost=loss,
        parameters=parameters,
        update_equation=optimizer
)

feeding = {'x': 0}

def event_handler(event):
    if isinstance(event, paddle.event.EndIteration):
```

```
        if event.batch_id % 50 == 0:
            print ("\n pass %d, Batch: %d cost: %f"
                % (event.pass_id, event.batch_id, event.cost))
        else:
            sys.stdout.write('.')
            sys.stdout.flush()
    if isinstance(event, paddle.event.EndPass):
        with gzip.open('output/params_pass_%d.tar.gz' % event.pass_id,
'w') as f:
            parameters.to_tar(f)
reader = data_provider.create_reader('train', 60000)
trainer.train(
    paddle.batch(
        reader=reader,
        batch_size=128
    ),
    feeding=feeding,
    num_passes=20,
    event_handler=event_handler
)
```

2. 测试

模型与算法参数配置完成后，便可以开始训练了。由于 AutoEncoder 模型相对简单，因此训练速度很快。训练完成后，不妨测试一下自编码器的效果。

```
def test(model_path):
    with gzip.open(model_path, 'r') as openFile:
        parameters = paddle.parameters.Parameters.from_tar(openFile)
    testset = [[x] for x in
data_provider.fetch_testingset()['images'][:10]]
    # 使用 infer 进行预测
    result = paddle.infer(
        input=testset,
        parameters=parameters,
        output_layer=y,
        feeding={'x': 0}
    )
return result, np.array(testset)
```

选择测试集的 10 张图像进行对比，Matplotlib 可以很好地胜任绘图的工作，尤其是多幅图像。

```
# origin: 原图
# pred: AutoEncoder 生成的图像
f, a = plt.subplots(2, 10, figsize=(10, 2))
for i in range(10):
    a[0][i].imshow(np.reshape(pred[i], (28, 28)))
    a[1][i].imshow(np.reshape(origin[i], (28, 28)))
f.show()
```

```
plt.show()
plt.waitforbuttonpress()
```

图 7.2 中，上方的 10 张图像为 AutoEncoder 生成的图像，下方的 10 张图像为原始输入图像。

图 7.2

7.3 实战 OCR 识别（一）

1. 问题背景

OCR（Optical Character Recognition，光学字符识别）是一种常见的图像识别任务，以往的做法是通过对含有字符的图像进行一系列图像处理（如二值化、去噪声、分割字符以及字符识别），OpenCV 里提供了诸多与之相关的方法，但整套识别方法工序复杂，准确度不高。在此之前，我们已经见识到了 CNN 在图像分类领域的卓越表现，对于 OCR 识别，CNN 是否可以得到很好的结果呢？对此，我们可以尝试利用深度学习的方法来解决简单的文字识别问题。

对于 OCR，最普遍的一个应用就是识别验证码，验证码（Completely Automated Public Turing test to tell Computers and Humans Apart，简称 CAPTCHA）就是为了区分人和计算机而诞生的。此前设计验证码是因为机器没有人眼一样的视觉系统，后来随着图像处理技术的发展，计算机程序逐渐拥有了处理图像的能力，简单的验证码就可以被攻破了。对于复杂的验证码，例如，引入多种噪声字符大小、间距不规则的验证码，一般的图像处理算法就会显得捉襟见肘。因此，为了让机器有足够的识别精度，我们需要用更加智能的方法来实现，也就是人工神经网络。

在此之前，我们通过全连接网络、卷积神经网络以及循环神经网络实现 MNIST 识别，准确率均在 95% 以上，甚至高达 99%。深度学习的方法在图像分类以及识别工作上优势明显，验证码可以看作是多个数字的分类问题。在本例中，我们将学习如何利用卷积神经网络分类含有四个数字的验证码，验证码示例如图 7.3 所示。

图 7.3

2. 验证码训练集生成

对于训练模型，需要一定容量的样本，当然我们不会选择从网站去爬取验证码。Python 中有专门生成验证码的工具包 CAPTCHA。CAPTCHA 可以利用一个字符串（含有数字或者字母）来生成一张验证码图片，非常适合生成大量验证码训练集。

（1）安装 CAPTCHA 工具包：

```
pip install captcha
```

（2）生成单张验证码图像。

验证码的尺寸是预先设定的 80×32，直接生成彩色图像作为模型输入，当然，为了提高准确率，可以对输入图像进行灰度处理。

```
import cv2
from captcha.image import ImageCaptcha
import matplotlib.pyplot as plt

def generate_image(code, captcha):
    img = captcha.generate(code)
    img = np.fromstring(img.getvalue(), dtype='uint8')
    img = cv2.imdecode(img, cv2.IMREAD_COLOR)
    img = cv2.resize(img, (80, 32))
    img = np.multiply(img, 1 / 255.0)
    img = np.reshape(img, [-1])
return img

# 指定初始化字体
captcha = ImageCaptcha(fonts=['OpenSans-Regular.ttf'])
# 生成含有 4521 字符串的验证码图像
img = generate_image('4521', captcha)
img = np.reshape(img, [32, 80, 3])
plt.imshow(img)
plt.axis('off')
plt.show()
```

运行 Python 脚本，便会得到一张合成的验证码图像，如图 7.4 所示。

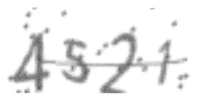

图7.4

当然，验证码图像生成具有一定的随机性，每次可以生成不同样式的验证码，如图 7.5 所示。

图7.5

利用这种方式可以生成足够的训练样本和测试样本。对于验证码字符串，则可以利用随机数生成四位数字序列（1000～9999），再利用字符串生成图像，最后将生成的图像转为 Numpy 数组写入文件存储。

```python
def random_numbers():
    nums = random.randint(1000, 9999)
    return nums

def generate_datasets(train_size, test_size):
    captcha = ImageCaptcha(fonts=['OpenSans-Regular.ttf'])
    train_data = []
    train_label = []
    for i in range(train_size):
        print('generate train image: %s/%s' % (i+1, train_size))
        num = random_numbers()
        code = str(num)
        img = generate_image(code, captcha)
        train_data.append(img)
        label = [int(j) for j in code]
        train_label.append(label)
    train_label = np.array(train_label)
    train_data = np.array(train_data)
    np.save('train_data', train_data)
np.save('train_label', train_label)

    del train_label
del train_data

    test_label = []
    test_data = []
```

```
    for i in range(test_size):
        print('generate test image: %s/%s' % (i+1, train_size))
        num = random_numbers()
        code = str(num)
        img = generate_image(code, captcha)
        test_data.append(img)
        label = [int(j) for j in code]
        test_label.append(label)
    test_label = np.array(test_label)
    test_data = np.array(test_data)
np.save('test_data', test_data)
```

3. 模型构建

对于图像，我们更倾向于使用卷积神经网络来构建识别模型，在前面章节已经多次强调卷积神经网络在计算机视觉领域的突出贡献。

在本例中，通过使用深层卷积网络来提取图像特征，然后利用图像特征依次识别验证码的每位数字，如图 7.6 所示。

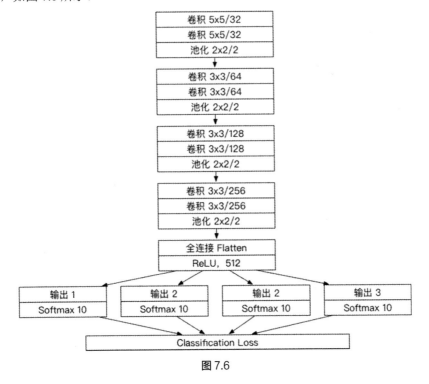

图 7.6

卷积层利用了与 VGG 相似的结构，不过为了降低计算量，去除了部分卷积层，卷积核数量削减了很多。每个卷积池化组中均加入了 Batch Normalization 来提升训练性能。

把所有的 Feature Map 进行综合后，分别给四个 Softmax 层进行端到端的数字分类，最后集合所有训练损失。

使用 PaddlePaddle V2 接口实现网络模型：

```
def model(x):

    relu = paddle.activation.Relu()
    conv_1 = paddle.networks.img_conv_group(
        input=x,
        num_channels=3,
        pool_size=2,
        pool_stride=2,
        conv_num_filter=[32, 32],
        conv_filter_size=5,
        conv_act=relu,
        conv_with_batchnorm=True,
        pool_type=paddle.pooling.Max()
)

    conv_2 = paddle.networks.img_conv_group(
        input=conv_1,
        num_channels=32,
        pool_size=2,
        pool_stride=2,
        conv_num_filter=[64, 64],
        conv_filter_size=3,
        conv_act=relu,
        conv_with_batchnorm=True,
        pool_type=paddle.pooling.Max()
)

    conv_3 = paddle.networks.img_conv_group(
        input=conv_2,
        num_channels=64,
        pool_size=2,
        pool_stride=2,
        conv_num_filter=[128, 128],
        conv_filter_size=3,
        conv_act=relu,
        conv_with_batchnorm=True,
        pool_type=paddle.pooling.Max()
)

    conv_4 = paddle.networks.img_conv_group(
        input=conv_3,
        num_channels=128,
        pool_size=2,
        pool_stride=2,
        conv_num_filter=[256, 256],
        conv_filter_size=3,
```

```
        conv_act=relu,
        conv_with_batchnorm=True,
        pool_type=paddle.pooling.Max()
)

    flatten = paddle.layer.fc(
        input=conv_4,
        size=512,
        act=relu
    )

    fc_1 = paddle.layer.fc(
        input=flatten,
        size=10,
        act=paddle.activation.Softmax()
)

    fc_2 = paddle.layer.fc(
        input=flatten,
        size=10,
        act=paddle.activation.Softmax()
)

    fc_3 = paddle.layer.fc(
        input=flatten,
        size=10,
        act=paddle.activation.Softmax()
)

    fc_4 = paddle.layer.fc(
        input=flatten,
        size=10,
        act=paddle.activation.Softmax()
)
return [fc_1, fc_2, fc_3, fc_4]
```

model 最后会输出四个数字的概率分布，每个数字在 0~9 之间，因此每层 Softmax 的输出层为 10 个单元。

优化算法：

```
optimizer = paddle.optimizer.Adam(
    learning_rate=1e-3,
    regularization=paddle.optimizer.L2Regularization(rate=8e-4)
)
```

图像输入。图像是高度为 32、宽度为 80 的 RGB 三通道图像，利用 data layer 可以指定图像的尺寸：

```
IMAGE_SIZE = 32*80*3

x = paddle.layer.data(
    name='image',
    type=paddle.data_type.dense_vector(IMAGE_SIZE),
    height=32,
    width=80
)
```

标签输入。由于采用多标签训练，因此每个数字单独作为一个标签：

```
label = []
for i in range(4):
    label_tmp = paddle.layer.data(
        name='label_part_%s' % i,
        type=paddle.data_type.integer_value(10)
    )
    label.append(label_tmp)
```

定义损失函数：

```
output = model(x)
loss = []
for i in range(4):
    loss_tmp = paddle.layer.classification_cost(
        input=output[i],
        label=label[i]
    )
    loss.append(loss_tmp)

loss = paddle.layer.addto(
    input=loss,
    bias_attr=False,
    act=paddle.activation.Linear()
)
```

其中使用了 addto layer 对损失进行了汇总，addto layer 是一种单纯的数学计算：

$$y = f(\sum_{i=1}^{N} x_i + b)$$

addto 主要用于将多个输入直接叠加，而不带权值。

注意多标签输入时的 feeding：

```
feeding = {
    'image': 0,
    'label_part_0': 1,
    'label_part_1': 2,
    'label_part_2': 3,
    'label_part_3': 4,
}
```

4. 添加数据 Reader

由于数据是我们自己合成的，因此，读取格式相对来说自由很多。我们将生成的图像和 Label 直接保存为 Numpy 数组文件（.npy 文件），然后直接从文件中导入 Numpy 数组。

```python
def create_reader(type):
    def reader():
        if type == 'train':
            data_path = 'data/train_data.npy'
            label_path = 'data/train_label.npy'
            size = 10000
        else:
            data_path = 'data/test_data.npy'
            label_path = 'data/test_label.npy'
            size = 1000
        data = np.load(data_path)
        label = np.load(label_path)
        for i in range(size):
            yield data[i], label[i][0], label[i][1], label[i][2],
label[i][3]

    return reader
```

5. 训练模型

初始化 Trainer：

```python
trainer = paddle.trainer.SGD(
    cost=loss,
    parameters=parameters,
    update_equation=optimizer
)
```

添加 EventHandler 处理训练过程，并在每轮训练结束后测试当前模型精确度：

```python
def event_handler(event):
    if isinstance(event, paddle.event.EndIteration):
        if event.batch_id % 50 == 0:
            print (
            "\npass %d, Batch: %d cost: %f metrics: %s" % (event.pass_id,
event.batch_id, event.cost, event.metrics))
        else:
            sys.stdout.write('.')
            sys.stdout.flush()
    if isinstance(event, paddle.event.EndPass):
        # save parameters
        with gzip.open('output/params_pass_%d.tar.gz' % event.pass_id,
'w') as f:

            parameters.to_tar(f)
        test_reader = data_reader.create_reader('test')
        result = trainer.test(
```

```
            reader=paddle.batch(test_reader, batch_size=128),
            feeding=feeding)
        class_error_rate =
result.metrics['classification_error_evaluator']
        print ("\nTest with Pass %d, cost: %s ratio: %f" % (event.pass_id,
result.cost, class_error_rate))
```

开始训练模型，为了减少训练时间，这里设置训练轮数为 10 轮：

```
train_reader = data_reader.create_reader('train')
reader = paddle.batch(
    reader=train_reader,
    batch_size=128
)
trainer.train(
    reader=reader,
    feeding=feeding,
    num_passes=10,
    event_handler=event_handler
)
```

训练 10 轮后，训练误差降到了 0.03，而测试误差降到了 0.09，但整个训练过程在 MacBook 上花费了将近一下午的时间，如果减少部分卷积层，训练时间会相应减少，但精度可能会下降。

6. 测试

10 轮训练结束后，可以利用训练完成的模型进行测试，利用最后一轮的参数进行预测：

```
def predict(test_samples, model_path):
paddle.init(use_gpu=False, trainer_count=1)

    x = paddle.layer.data(
        name='image',
        type=paddle.data_type.dense_vector(IMAGE_SIZE),
        height=32,
        width=80
)

    with gzip.open(model_path, 'r') as f:
        parameters = paddle.parameters.Parameters.from_tar(f)

output = model(x)

    result = paddle.infer(
        input=test_samples,
        parameters=parameters,
        output_layer=output,
        feeding={'image': 0}
)
```

```
return result
```

最后会返回每个数字的预测概率分布，然后可以求出概率最大的数字，这样可以组合出一组验证码，如图 7.7 所示。

图 7.7

7.　缺陷

使用卷积神经网络可以很方便地构建端到端的图像识别，对于这类简单的四个数字的验证码可以达到很高的准确率，但对于复杂的含有多种字符、长度随机的验证码，这种方法并不能很好地解决验证码识别问题。本例中，由于训练轮数较少，因此准确度还能继续提高。综合来看，模型存在以下问题或者缺陷：

（1）本模型主要针对数字识别，对于字母或者其他字符无法识别。

（2）对于变长的字符验证码，无法确定字符串长度，进而无法动态更改输出长度。

（3）训练迭代次数少，模型还没有达到最优点。

8.　改进

对于其他字符，我们可以拓展模型的输出，从 10 位数字的输出到 10 位数字和 26 个字母的组合输出，或者拓展到更多字符，这样模型就能够支持多元字符的预测，而不仅仅局限在数字识别。

对于训练迭代次数，应该选择较大的数值，然后综合全局的分类错误率曲线或者 Loss 曲线，选择最优的时间点终止迭代训练（Early Stopping）。

然而，对于变长字符验证码的识别，由于输出层数量固定，无法动态添加或者删除 Softmax 分类输出层，即模型无法适配变长输出的有监督训练，因而需要用更加先进的方法来解决。

7.4　实战 OCR 识别（二）

利用简单的 4 个 Softmax 输出层的模型可以处理简单的 4 位数字验证码，但对于多位或者任意长度的验证码却无法识别精确，此外，大量使用全连接网络无疑会增加模型参数。在 OCR 中，字符长度一般都是随机的，验证码可能会因某种既定的规则采用固定长度，但对于自然场景下的文字字符，通常是不定长度。要想处理这种不定长度的识别问题，我们需要改进输出，使其适应各种长度。对此，我们采用一种全新的模型来处理 OCR 问题。

1.　CRNN 模型

CRNN 是华中科技大学视觉实验室提出的关于自然场景下文字识别的一个端到端模型，之所以称之为 CRNN，是因为模型将 CNN 和 RNN 结合在一起实现了文字识别，利用 CNN 去处理图片，从图像中提取出文字信息特征，然后将其转为序列，最后利用双向循环神经网络来处理序列问题。

图 7.8 为 CRNN 模型结构，输入图片是高度为 32 的灰度图像，通过深层卷积网络，得到特征图后将其转为 sequence，sequence 按照从左至右的方向存储图像特征，然后通过双向 LSTM 网络，最终输出生成的文字序列。通常自然场景下的文字一般都存在前后联系，就像人说话一样，是存在一个上下文的，因此需要使用双向 RNN 来处理上下文问题。CNN 输出 sequence 之后接着两层双向循环神经网络。

Transcription Layer 用于将循环神经网络输出序列转为识别出的文字序列，并对序列的每一帧进行预测，得到一个中间结果，利用 CTC（Connectionist Temporal Classification）计算输出结果与 Label 的损失，然后反向传播误差，优化模型。

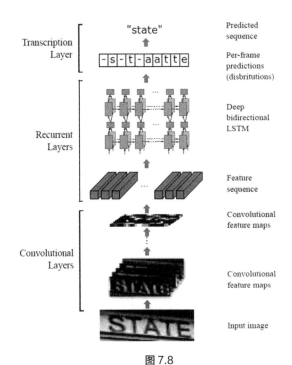

图 7.8

CNN 网络结构。输入高度为 32 的灰度图像（单通道），CNN 部分采用了类似于 VGG-16 的结构，但卷积层减少了很多，同时将第三层和第四层 pool 层的窗口改变为 1×2 矩形，这样的池化方式有利于生成较长的 sequence。另外，网络中还加入了 Batch Normalization 来加速训练，如表 7.1 所示。

表 7.1

Convolution	#maps:512, k:2 × 2, s:1, p:0
MaxPooling	Window:1 × 2, s:2
BatchNormalization	-
Convolution	#maps:512, k:3 × 3, s:1, p:1
BatchNormalization	-
Convolution	#maps:512, k:3 × 3, s:1, p:1
MaxPooling	Window:1 × 2, s:2
Convolution	#maps:256, k:3 × 3, s:1, p:1
Convolution	#maps:256, k:3 × 3, s:1, p:1
MaxPooling	Window:2 × 2, s:2
Convolution	#maps:128, k:3 × 3, s:1, p:1
MaxPooling	Window:2 × 2, s:2
Convolution	#maps:64, k:3 × 3, s:1, p:1
Input	W × 32 gray-scale image

RNN 网络结构如表 7.2 所示。

表 7.2

Bidirectional-LSTM	#hidden units:256
Bidirectional-LSTM	#hidden units:256
Map-to-Sequence	-

RNN 最后一层为 Softmax 输出层，输出每帧预测字符的概率。

CRNN 将图像问题转为序列问题，最后结合 CTC 计算序列分类损失，在 Transcription 中，可以将 RNN 分类输出转为文字序列，CRNN 模型支持使用词典来矫正输出。

2. CTC 模型

在 CRNN 中，将图像问题转为序列问题，利用 RNN 解决输入序列中时刻之间的关系，来提升模型的精确度。RNN 输出预测后，将得到一个定长的分布序列输出，而我们的标签序列长度并没有固定下来，这样的分类损失计算可能无法直接进行，或者说，对于序列分类问题，我们需要一种新的方式来计算损失以进行训练。

真实情况下，长度为 T 的序列每个时刻的标签一共有 N 类，直接对每一帧的数据进行 Softmax 分类无法得到准确的结果。CTC 中将标签增加到了 $N+1$ 类，增加了一个 "-" 标签来表示空或者无，然后再对序列进行分类，就会得到一个含有许多 "-" 和字母数字组成的输出序列。例如，要识别一个结果为 asdf 的序列，直接利用 N 类标签进行分类可能会得到 aaasdbbf 这样的结果，明显和我们要的结果差了很远，而 CTC 会输出怎样的一种结果呢？CTC 采用空字符来占位，对于 asdf 的序列，有些时刻或者帧可能并没有内容，利用 CTC 可以得到这样一种结果：--asd-bf-，即空白区域用 "-" 来替代，当然也可能会出现-aas-df-这样的情况，总之，CTC 采用 $N+1$ 的标签分类可以有效消除对序列长度的依赖，让输出变得更加灵活，这就是 CTC 处理时序分类的方法。

当然，CTC 不仅可以用在 CRNN 的文字识别里，还可以用在语音识别和其他序列分类问题中。

3. 数据

我们可以继续使用之前的方法来生成验证码数据集，只需改变图像中数字的数量即可达到变长的数据集。

对于数据集的生成，继续使用 generator_data.py 改变其中验证码生成函数。

```
def generate_num():
    nums = random.randint(1000, 999999)
    code = str(nums)
    label = [int(j) for j in code]
    return code, label
```

对图片进行归一化之后可以利用 Matplotlib 库绘制出来，如图 7.9 所示。

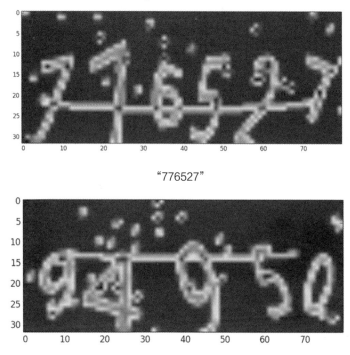

"776527"

"94950"

图 7.9

4. 模型

利用脚本生成一定数量（8000 的训练集）的样本之后，就可以开始使用 PaddlePaddle 来构建我们的模型了。考虑到计算性能，因此相比于原始的 CRNN，做了一些改变，减少了一些卷积层和卷积核数量。

CRNN 第一步是利用卷积神经网络来处理输入图像，从图像中提取特征信息，然后将其转为特征序列，如图 7.10 所示。

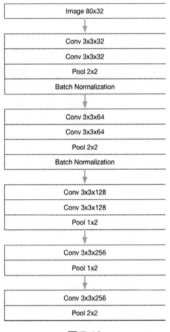

图 7.10

定义训练数据信息。

```
NUM_CLASS = 10
IMG_HEIGHT = 32
IMG_WIDTH = 80
```

对于卷积池化成套操作，推荐使用 img_conv_group 接口来完成，这样会使得我们的模型更加清晰明了。

```
relu = paddle.activation.Relu()

def cnn(image):

    conv_group_1 = paddle.networks.img_conv_group(
        input=image,
        num_channels=1,
        pool_size=2,
        pool_stride=2,
        conv_num_filter=[32, 32],
        conv_filter_size=3,
        conv_act=relu,
        conv_with_batchnorm=True,
        pool_type=paddle.pooling.Max()
    )
    # 16 × 40 × 32

    conv_group_2 = paddle.networks.img_conv_group(
```

```
    input=conv_group_1,
    num_channels=32,
    pool_size=2,
    pool_stride=2,
    conv_num_filter=[64, 64],
    conv_filter_size=3,
    conv_act=relu,
    conv_with_batchnorm=True,
    pool_type=paddle.pooling.Max()
)
# 8 × 20 × 64

conv_3 = paddle.layer.img_conv(
    input=conv_group_2,
    num_channels=64,
    num_filters=128,
    filter_size=3,
    act=relu,
    stride=1,
    padding=1
)

conv_4 = paddle.layer.img_conv(
    input=conv_3,
    num_channels=128,
    num_filters=128,
    filter_size=3,
    act=relu,
    stride=1,
    padding=1
)

pool_2 = paddle.layer.img_pool(
    input=conv_4,
    pool_size=1,
    pool_size_y=2,
    stride=1,
    stride_y=2,
    pool_type=paddle.pooling.Max()
)
# 4 × 20 × 64

conv_5 = paddle.layer.img_conv(
    input=pool_2,
    num_channels=128,
    num_filters=256,
    filter_size=3,
    act=relu,
    stride=1,
    padding=1
)
```

```
    pool_3 = paddle.layer.img_pool(
        input=conv_5,
        pool_size=1,
        pool_size_y=2,
        stride=1,
        stride_y=2,
        pool_type=paddle.pooling.Max()
    )
    conv_6 = paddle.layer.img_conv(
        input=pool_3,
        num_channels=256,
        num_filters=256,
        filter_size=3,
        act=relu,
        stride=1,
        padding=1
    )
    pool_4 = paddle.layer.img_pool(
        input=conv_6,
        pool_size=2,
        stride=2,
        pool_type=paddle.pooling.Max()
    )
    # 10 x 256
    return pool_4
```

中间一些池化层采用了 1×2 的池化窗，同 CRNN 一样，验证码一般为矩形，而且长度值较高度大很多，利用这种不规则的池化窗综合 y 方向的信息，拓展成为一个序列。

利用卷积神经网络提取完图像信息后输出一个 256 通道的 10×1 的特征图，我们需要将其转为特征序列，PaddlePaddle 提供了一个很好的可以转为特征序列的函数。

```
paddle.v2.layer.block_expand()
```

参数说明如下：

input	输入特征图
num_channels	输入特征图的通道数
block_x	生成 block 的宽度
block_y	生成 block 的高度
stride_x	X 方向 stride 大小
stride_y	Y 方向 stride 大小
padding_x	X 方向 padding 大小
padding_y	Y 方向 padding 大小

block_expand 可以将特征图转为矩阵，常用于卷积神经网络之后，循环神经网络之前。输出矩阵的尺寸可以利用上述参数进行计算。

矩阵宽度：$block_y \times block_x \times num\_channels$

矩阵高度：$output_h \times output_w$

$$output_h = 1 + (2 \times paddding_y + image_h - block_y + stride_y - 1)/stride_y$$

$$output_w = 1 + (2 \times paddding_x + image_w - block_x + stride_x - 1)/stride_x$$

```
def feature_to_sequences(x):
    return paddle.layer.block_expand(
        input=x,
        num_channels=256,
        stride_x=1,
        stride_y=1,
        block_x=1,
        block_y=1
    )
```

通过 block_expand，可以将卷积得到的 Feature Maps 转为我们需要的特征序列，利用上述转换公式，我们得到的序列为 256×10，一共 10 帧，每帧是一个 1×256 的向量。

在 CRNN 中使用的是两层双向 LSTM，在此我们可以只用单层双向 LSTM 实现。

```
def bidirection_rnn(x, size, act):
# Forward LSTM
    lstm_fw = paddle.networks.simple_lstm(
        input=x,
        size=128,
        act=relu
    )
    # Backward LSTM
    lstm_bw = paddle.networks.simple_lstm(
        input=x,
        size=128,
        act=relu,
        reverse=True
    )
    res = paddle.layer.fc(
        input=paddle.layer.concat(
            input=[lstm_fw, lstm_bw]
        ),
        act=act,
        size=size
    )

    return res
# RNN Layers
def rnn(x):
    softmax = paddle.activation.Softmax
    x = bidirection_rnn(x, NUM_CLASS+1, softmax())
    return x
```

LSTM 使用 Softmax 作为输出层，输出每一帧的分类概率，类别为 NUM_CLASS+1，前面讲到，CTC 中将类别拓展到了 $N+1$ 类，还有一类用于表示空白 "-"。

构造完整的 CRNN 模型。

```python
def model(x):
    cnn_part = cnn(x)
    feature_sequence = feature_to_sequences(cnn_part)
    rnn_part = rnn(feature_sequence)
    return rnn_part
```

初始化 PaddlePaddle，使用 CPU 进行训练，由于简化了模型，因而仅使用 CPU 训练，速度也比较可观。

```python
paddle.init(use_gpu=False, trainer_count=2)
```

确定输入数据。

```python
image = paddle.layer.data(
    name='image',
    type=paddle.data_type.dense_vector(IMG_HEIGHT * IMG_WIDTH),
    height=IMG_HEIGHT,
    width=IMG_WIDTH
)
```

确定标签数据，标签现在是一个序列数据，范围为 0 到 NUM_CLASS-1，即有 N 类。

```python
label = paddle.layer.data(
    name='label',
    type=paddle.data_type.integer_value_sequence(NUM_CLASS)
)
```

计算模型正向输出，利用 CTC 计算损失。

```python
output = model(image)
# CTC LOSS
loss = paddle.layer.ctc(
    input=output,
    label=label,
    size=NUM_CLASS + 1
)
```

PaddlePaddle 中提供了两种可以使用的 CTC Layer 接口：

```python
paddle.v2.layer.ctc(*args, **kwargs)
```

参数说明如下：

input	输入特征图
label	变长的 Label 序列
size	类别数+1
norm_by_times	进行时序归一化

GPU 版 CTC，嵌入了 Baidu Research 开发的 Warp-CTC。

```
paddle.v2.layer.warp_ctc(*args, **kwargs)
```

运用 CTC Layer 完成损失计算后，可以按照以往的步骤来构造优化方法，训练参数。

```
parameters = paddle.parameters.create(loss)

optimizer = paddle.optimizer.RMSProp(
    learning_rate=0.01,
    regularization=paddle.optimizer.L2Regularization(rate=8e-4)
)

trainer = paddle.trainer.SGD(
    cost=loss,
    parameters=parameters,
    update_equation=optimizer
)
```

添加 Feeding 和数据 Reader。

```
train_reader = data_reader.create_reader('train')

feeding = {
    'image': 0,
    'label': 1
}
```

添加 Event Handler 处理训练过程回调。

```
def event_handler(event):
    if isinstance(event, paddle.event.EndIteration):
        if event.batch_id % 5 == 0:
            print ("\npass %d, Batch: %d cost: %f"
                % (event.pass_id + 1, event.batch_id + 1, event.cost))
        else:
            sys.stdout.write('*')
            sys.stdout.flush()
    if isinstance(event, paddle.event.EndPass):
        # save parameters
        with gzip.open('output/params_pass_%d.tar.gz' % event.pass_id,
'w') as f:
            parameters.to_tar(f)
        test_reader = data_reader.create_reader('test')
        result = trainer.test(
            reader=paddle.batch(test_reader, batch_size=32),
            feeding=feeding)
        print ("\nTest with Pass %d, cost: %s"
            % (event.pass_id + 1, result.cost))
```

添加 trainer 参数，设定完成 50 轮整体迭代，将 batchsize 设定为 32。

```
reader = paddle.batch(
    reader=train_reader,
    batch_size=32
```

```
)

trainer.train(
    reader=reader,
    feeding=feeding,
    num_passes=50,
    event_handler=event_handler
)
```

创建 data_reader，为训练提供数据，标签从之前的 4 个 integer_value 变成了 interger_value_sequence。

```
import numpy as np

def create_reader(type):

    def reader():
        if type == 'train':
            size = 8000
            data_path = 'data/train_data.npy'
            label_path = 'data/train_label.npy'
        else:
            size = 1000
            data_path = 'data/test_data.npy'
            label_path = 'data/test_label.npy'

        data = np.load(data_path)
        label = np.load(label_path)

        for i in range(size):
            yield data[i], label[i]

return reader
```

一切准备就绪后，就可以运行 Python 脚本进行训练了。PaddlePaddle 会检查每一层网络的参数数量和输入输出 size。在设计模型时，我们可以利用 PaddlePaddle 初始化参数输出，来修正模型。

```
[INFO 2017-08-20 17:51:28,744 layers.py:2221] output for __conv_0__: c
= 32, h = 32, w = 100, size = 102400
[INFO 2017-08-20 17:51:28,747 layers.py:2221] output for __conv_1__: c
= 32, h = 32, w = 100, size = 102400
[INFO 2017-08-20 17:51:28,750 layers.py:2346] output for __pool_0__: c
= 32, h = 16, w = 50, size = 25600
[INFO 2017-08-20 17:51:28,752 layers.py:2221] output for __conv_2__: c
= 64, h = 16, w = 50, size = 51200
[INFO 2017-08-20 17:51:28,754 layers.py:2221] output for __conv_3__: c
= 64, h = 16, w = 50, size = 51200
[INFO 2017-08-20 17:51:28,756 layers.py:2346] output for __pool_1__: c
= 64, h = 8, w = 25, size = 12800
[INFO 2017-08-20 17:51:28,757 layers.py:2221] output for
__img_conv_layer_0__: c = 128, h = 8, w = 25, size = 25600
```

```
[INFO 2017-08-20 17:51:28,759 layers.py:2221] output for
__img_conv_layer_1__ : c = 128, h = 8, w = 25, size = 25600
[INFO 2017-08-20 17:51:28,760 layers.py:2346] output for
__img_pool_layer_0__ : c = 128, h = 4, w = 25, size = 12800
[INFO 2017-08-20 17:51:28,761 layers.py:2221] output for
__img_conv_layer_2__ : c = 256, h = 4, w = 25, size = 25600
[INFO 2017-08-20 17:51:28,762 layers.py:2346] output for
__img_pool_layer_1__ : c = 256, h = 2, w = 25, size = 12800
[INFO 2017-08-20 17:51:28,764 layers.py:2221] output for
__img_conv_layer_3__ : c = 256, h = 2, w = 25, size = 12800
[INFO 2017-08-20 17:51:28,765 layers.py:2346] output for
__img_pool_layer_2__ : c = 256, h = 1, w = 25, size = 6400
[INFO 2017-08-20 17:51:28,781 networks.py:1482] The input order is
[image, label]
[INFO 2017-08-20 17:51:28,782 networks.py:1488] The output order is
[__ctc_layer_0__]
```

大约训练 15 轮之后，模型就逐渐收敛了，训练损失降到了 0.1 附近，测试损失也落在了
0.3～0.4 之间，如图 7.11 所示。

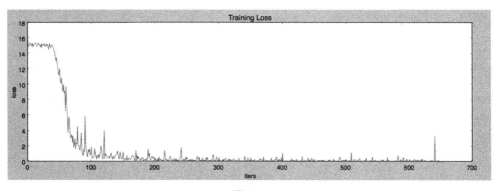

图 7.11

选取测试损失和训练损失较小的一轮参数作为预测模型参数，重新生成一张验证码进行预
测。

```
def predict(x):
paddle.init(use_gpu=False, trainer_count=1)

    image = paddle.layer.data(
        name='image',
        type=paddle.data_type.dense_vector(IMG_HEIGHT*IMG_WIDTH),
        height=IMG_HEIGHT,
        width=IMG_WIDTH
)

    with gzip.open('output/model.tar.gz', 'r') as f:
        parameters = paddle.parameters.Parameters.from_tar(f)
```

```
output = model(image)

    result = paddle.infer(
        parameters=parameters,
        output_layer=output,
        input=x,
        feeding={
            'image': 0
        }
)

return result
```

处理输出结果，将第 11 个概率对应于空白标签 "-"。

```
def generate_sequence(x):
    sequence = []
    prob_sequence = []
    for j in range(10):
        prob = x[j]
        maxValue = 0.0
        maxIndex = -1
        for i in range(11):
            if maxValue < prob[i]:
                maxValue = prob[i]
                maxIndex = i
        if maxIndex == 10:
            maxIndex = '-'
        sequence.append(maxIndex)
        prob_sequence.append(maxValue)
return sequence, prob_sequence
```

对于新生成的验证码图像，利用我们训练得到的模型可以达到一定的预测精度。

```
>>Input: Image ([3, 2, 9, 9, 8, 4])
>>Output: [3, '-', 2, 2, 9, '-', 9, '-', 8, 4]
>>Input: Image([3, 3, 5, 5, 7, 2])
>>Output: [3, '-', 3, 5, '-', 5, 7, '-', 2, '-']
>>Input: Image([8, 6, 6, 5, 5, 9])
>>Output: [8, 6, '-', 6, 5, '-', 5, '-', 9, '-']
```

若要得到完整的序列和准确的序列，还需要预测输出概率对输出进行矫正，去除空白符号，以得到最准确的结果。

到目前为止，我们采用变长数字序列已经解决了变长序列识别。当然，深度学习不可能止步于此，我们还可以直接将模型运用到变长的字母序列识别。字母序列只是将 10 类数字拓展到了 26 类字母，运用 CRNN 同样可以得到准确的结果。我们可以修改 generate_data.py，生成字母训练集进行训练测试。

```
def generate_chars():
    length = random.randint(4, 8)
    label = []
```

```
    code = ''
    for i in range(length):
        num = random.randint(0, 26)
        char = chr(num+97)
        label.append(num)
        code += char
return code, label
```

字母验证码示例如图 7.12 所示。

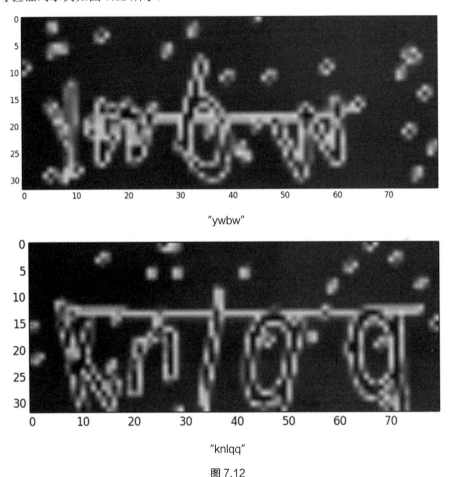

"ywbw"

"knlqq"

图 7.12

字母验证码识别难度显然会增加许多，我们可以适当增加 CNN 单元和 RNN 层来提升模型的学习能力，以适应各种变化；或者使用分辨率更高的图像作为输入。无论是增加网络深度或者输入更高分辨率的图像，无疑会增加计算量，我们需要在计算量和模型的学习能力上保持平衡。

此外，对构造的 CRNN 稍加改造，加深模型，便可以开始学习识别自然场景下的文字了。

自然场景下的文字相比于我们的验证码和一些简单 OCR 工作，有着更加复杂的环境噪声，如图 7.13 所示。

图 7.13

我们可以使用一些已有的文字识别训练集来训练我们的 CRNN 模型，如下所示。

IIIT 5K-Words	含有 5000 幅图像，包含了广告、招牌、门牌、海报等
ICDAR	ICDAR 大赛组委会公布的文字识别数据集
Synthetic Data for Text Localisation in Natural Image	人工合成的复杂场景的文字数据集

7.5 情感分析

1. 背景

文本情感分析是利用自然语言处理等技术来分析文本的情感特征。情感分析的目的是为了确定说话者或者作者两极化观点的态度，即积极（正）或者消极（负）的态度。文本情感分析工作相当于对文本进行二分类，即给定一段文字，我们通过阅读来对其进行评估，给定消极和积极两个标准。

例如，对于 IMDB（Internet Movie Database）的影评，我们可以对其做二元分类的情感分析。

正类："Liked Stanley & Iris very much. Acting was very good. Story had a unique and interesting arrangement. The absence of violence and porno sex was refreshing. Characters were very convincing and felt like you could understand their feelings. Very enjoyable movie."

负类："Not only is it a disgustingly made low-budget bad-acted movie, but the plot itself is just STUPID!!!　A mystic man that eats women? (And by the looks, not virgin ones)　Ridiculous!!! If you´ve got nothing better to do (like sleeping) you should watch this. Yeah right."

利用情感分析可以在互联网中挖掘人们对产品的好恶，人们的评论往往具有情感偏向性，通过工具捕获这种情感倾向性可以很好地运用到产品推荐等其他应用上。

2. 原理

由于情感分析可以简化成二元分类问题，因此我们可以构建一个简单的神经网络分类器来实现。文字是不能直接作为神经网络的输入的，文字编码一般比普通的数字要复杂得多，因此在进行分类之前，我们需要做一些预处理工作。

（1）构造词典

若要机器能够识别文字，则必须构造"词—索引"结构来存储词汇，然后利用数字来表示，机器可以识别数字并进行计算。对于已有的数据集，我们可以构造一个词典，存储当前数据集中能够查到的所有单词，并对其构造索引进行表示。比如数据集中有两个单词 the 和 cat，索引值分别为 1001 和 2017，这样，我们就可以建立一个双向联系，即用 1001 表示 the，the 又可以表示为 1001。　词典的维数可以用单词总数来衡量。

（2）转换为索引序列

构建完单词索引词典之后，就可以利用单词和索引的联系来将人类语言转换为机器可以识别的语言了。假设 is 表示为 203，sleeping 表示为 3004，the 表示为 1001，cat 表示为 2017，这样，"the cat is sleeping"就可以对应翻译成数字序列 [1001, 2017, 203, 3004]。通过构造词典和索引的方式，我们便可以将文本转为数字序列，这样就可以作为我们的模型输入了。这样的预处理不仅适用于英文文本，对中文文本也同样适用。

（3）构造神经网络

通过文本预处理工作，我们得到了文本序列，现在的目的就是，给定一个输入序列，我们对序列进行分类，确定是正类还是负类，这样的输入输出完全符合前面讨论过的 Many to One（多对一）模型，即输入序列对应一个输出。

我们可以运用循环神经网络来解决序列问题，结合 LSTM 的长短期依赖性质以及双向循环神经网络上下文处理能力，构造出一个简单的文本情感分类器，如图 7.14 所示。

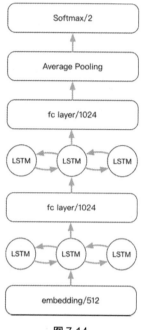

图 7.14

模型的输入是一个不定长度的文本序列，每一时刻的索引对应一个单词，而这个索引会被解释成一个稀疏向量（One Hot Encoding）。例如，单词索引为 3 时，这一时刻的实际的输入是 [0,0,0,1,0,0,0,...,0]，向量的维度就是词典的维度。词典的维度一般都是万级单位的，因此这样的输入会变得非常大，而且参数也会随之暴增。解决这个问题最有效的方法之一就是降维，即对输入每一时刻的向量降维。在 NLP 领域，输入词向量一般都是高维度，通过使用 embedding 可以将高维度 one hot 表示的词向量映射到低维度。

PaddlePaddle 中的 embedding layer。

```
paddle.v2.layer.embedding(*args, **kwargs)
```

参数说明如下：

input	输入，索引数据
size	降维维度

在文本分类模型中，运用了双层双向循环神经网络来获取文本信息，中间用全连接网络提取文本特征。这样直接得到的输出还是一个等长的序列，而我们的结果是单个输出。在 RNN 中，也存在着一种类似于池化的工具用来汇总序列信息。为了得到 Many to One 的效果，我们需要对序列进行池化以得到单一结果。PaddlePaddle 中提供了多种序列池化方式。

① 获取最后时刻的状态信息：

```
paddle.v2.layer.last_seq(*args, **kwargs)
```

② 获取最初时刻的状态信息：

```
paddle.v2.layer.first_seq(*args, **kwargs)
```

③ 池化函数：

```
paddle.v2.layer.pooling(*args, **kwargs)
```

对于不同需求，可以选择不同的池化方式，即 pooling_type，默认为 MaxPooling，当然，还可以取全局平均值 AvgPooling、全局和 SumPooling，或者全局均方根 SquareRootNPooling。

3. 训练数据

IMDB 评论是情感分析里一个重要的数据集，由斯坦福大学发起并维护，其中对评论数据进行了二元标注，即 Positive 和 Negative 两种类别，共有 25000 条训练样本和 25000 条测试样本。

原始数据集：http://ai.stanford.edu/~amaas/data/sentiment/。

原始数据集提供了原评论的 txt 文件，需要我们自己去构造词典并转化为词典索引，为减少对原始数据的预处理工作，我们可以直接使用 deeplearning.net 网站已经处理好的 IMDB 评论数据集：http://www.iro.umontreal.ca/ ~lisa/deep/data/imdb.dict.pkl.gz

下载解压后，可以利用 cPickle 包来读取评论数据。

构造 Data Reader：

```
import numpy as np
import cPickle as pickle
import random
class Imdb(object):

    def __init__(self, dataset_path):
        f = open(dataset_path, 'rb')
        trainset = np.array(pickle.load(f))
        testset = np.array(pickle.load(f))
        f.close()

        trainset = zip(trainset[0], trainset[1])
        testset = zip(testset[0], testset[1])
        # shuffle 数据集顺序
        random.shuffle(trainset)
        random.shuffle(testset)
        self._trainset = trainset
        self._testset = testset

    def create_reader(self, type):
```

```
    def reader():
        if type == 'train':
            dataset = self._trainset
        else:
            dataset = self._testset
        for i in range(25000):
            yield dataset[i][0], dataset[i][1]dd

    return reader
```

4. 构造训练模型

训练模型如下：

```
def model(x):
    # embedding 降维
    embedding_data = paddle.layer.embedding(
        input=x,
        size=512
    )
    双向 LSTM
    bilstm_1 = paddle.networks.bidirectional_lstm(
        input=embedding_data,
        size=512,
        return_seq=True
)

    fc_1 = paddle.layer.fc(
        input=bilstm_1,
        size=1024,
        act=paddle.activation.Relu()
    )
    双向 LSTM
    bilstm_2 = paddle.networks.bidirectional_lstm(
        input=fc_1,
        size=512,
        return_seq=True
)

    fc_2 = paddle.layer.fc(
        input=bilstm_2,
        size=1024,
        act=paddle.activation.Relu()
    )
    # 平均池化
    avg_pool = paddle.layer.pooling(
        input=fc_2,
        pooling_type=paddle.pooling.Avg()
    )
    # 输出层
```

```
    output = paddle.layer.fc(
        input=avg_pool,
        size=2,
        act=paddle.activation.Softmax()
    )
return output
```

初始化 PaddlePaddle，使用单个 CPU 训练。

```
paddle.init(use_gpu=False, trainer_count=1)
```

获得训练输入数据和标签，输入数据是一个整型序列，维度为字典的维度。

```
data = paddle.layer.data(
    name='data',
    type=paddle.data_type.integer_value_sequence(102100)
)

label = paddle.layer.data(
    name='label',
    type=paddle.data_type.integer_value(2)
)
```

计算损失，文本情感分析被处理成一个二元分类问题，因此可以使用 classification_cost 来计算损失。

```
output = model(data)

loss = paddle.layer.classification_cost(
    input=output,
    label=label
)
```

初始化模型参数。

```
parameters = paddle.parameters.create(loss)
```

优化函数选择 Adam，设定 0.001 的学习率。

```
optimizer = paddle.optimizer.Adam(
    learning_rate=0.001
)
```

初始化 trainer。

```
trainer = paddle.trainer.SGD(
    parameters=parameters,
    update_equation=optimizer,
    cost=loss
)
```

添加训练数据 reader 和测试数据 reader，以及 feeding。

```
path = 'data/imdb.pkl'
dataset = imdb.Imdb(path)
train_data_reader = dataset.create_reader('train')
```

```
test_data_reader = dataset.create_reader('test')
feeding = {
    'data': 0,
    'label': 1
}
```

添加 event_handler，处理训练过程的回调。

```
def event_handler(event):
    if isinstance(event, paddle.event.EndIteration):
        if event.batch_id % 5 == 0:
            class_error_rate = event.metrics['classification_error_
evaluator']
            print ("\npass %d, Batch: %d cost: %f error: %s"
                   % (event.pass_id, event.batch_id, event.cost,
class_error_rate))
        else:
            sys.stdout.write('.')
            sys.stdout.flush()
    if isinstance(event, paddle.event.EndPass):
        # save parameters
        with gzip.open('output/params_pass_%d.tar.gz'% event.pass_id,
'w') as f:
            parameters.to_tar(f)
        result = trainer.test(
            reader=paddle.batch(test_data_reader, batch_size=32),
            feeding=feeding)
        class_error_rate =
result.metrics['classification_error_evaluator']
        print ("\nTest with Pass %d, cost: %s error: %f"
               % (event.pass_id, result.cost, class_error_rate))
```

开始训练。

```
trainer.train(
    reader=paddle.batch(
        train_data_reader,
        batch_size=32
    ),
    event_handler=event_handler,
    num_passes=10,
    feeding=feeding
)
```

训练了一些样本后，错误率逐渐下降，单收敛较慢，波动较大。抽样了部分数据绘制分类错误率曲线，如图 7.15 所示。

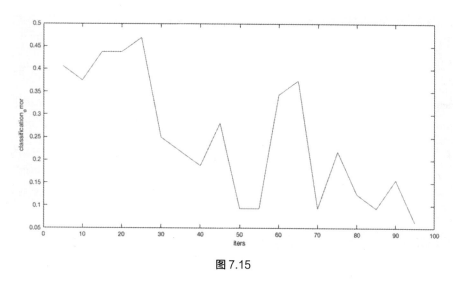

图 7.15

5. 补充

对于情感分析，除使用双向循环神经网络外，还有很多其他的方式来处理。例如，我们非常熟悉的卷积神经网络，卷积神经网络在计算机视觉领域有着非常显著的优势，利用卷积运算可以提取图像的特征信息。单通道的图像是一个二维矩阵，卷积核也是一个二维矩阵，而我们的文本序列是一个一维矩阵，因此用一维的卷积核便可以对文本序列进行卷积运算，如图 7.16 所示。

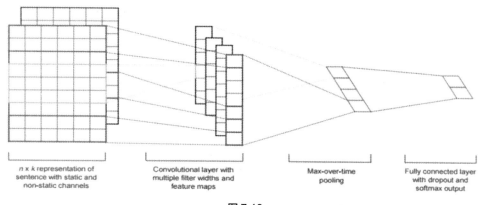

图 7.16

在 PaddlePaddle 中，开发者已经对序列卷积和池化做了封装。

```
paddle.v2.networks.sequence_conv_pool(*args, **kwargs)
```
参数说明如下。

context_len	context 长度
hidden_size	fc layer 的维度
pool_type	池化类型
fc_act	fc layer 激活函数

sequence_conv_pool 是通过 context_projection、fc_layer 以及 pooling_layer 实现的，利用 context_projection 获取上下文信息，利用 fc_layer 对其进行非线性变化，然后经过 pooling 池化。

了解基本的原理之后，读者不妨自己尝试一下用卷积的方式来实现情感分类。斯坦福大学在 *Applications of Deep Learning to Sentiment Analysis of Movie Reviews* 论文中分别使用了循环神经网络、递归神经网络以及卷积神经网络来对电影评论进行情感分析，并对比了三种方式的优劣。

7.6 Seq2Seq 及其应用

Sequence to Sequence（简称 Seq2Seq）是一种序列到序列模型，Seq2Seq 打破了传统输入输出序列对齐的禁锢，Encoder-Decoder 模型的出现改变了传统的机器翻译模型，同时也成为翻译中的最佳方法。在 Seq2Seq 打开翻译之门后，Attention 如同催化剂一般进一步提升了翻译模型的准确率，促使机器翻译水平走上新纪元。

1. Seq2Seq

在循环神经网络部分我们了解到了 Many to Many （多对多）模式中有一种序列到序列的模型，即 Sequence to Sequence（简称 Seq2Seq），Seq2Seq 能够通过序列编码得到一个中间向量，然后利用中间向量和循环神经网络进行解码得到新序列，也就是输出序列，如图 7.17 所示。

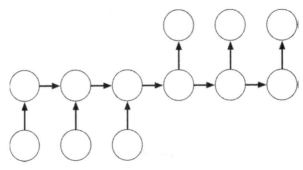

图 7.17

Seq2Seq 的输出序列不必与输入序列对齐，同时，输出序列也不一定与输入序列有直接关系。Seq2Seq 在自然语言处理中用途极为广泛，尤其是在机器翻译方面，目前比较好的机器翻译算法几乎都依赖于 Seq2Seq。此外，Seq2Seq 还可以用在智能聊天机器人里，聊天其实也是一种序列到序列的问题，一方说出的话作为输入序列，机器通过处理和思考得到输出序列作为回答，如图 7.18 所示。

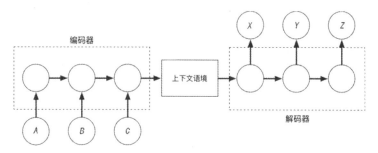

图 7.18

聊天机器人不仅配备了基本的 Seq2Seq 的序列编码器和序列解码器，还添加了上下文模块，即对输入序列进行语义编码获取其内部信息，获得更恰当的输出序列。

在使用 Seq2Seq 模型时，我们通常会将编码器的隐状态作为解码器的初始隐状态。训练 Seq2Seq 时，我们会先输入原序列对其进行编码，得到隐状态，将其转换为 Decoder 的隐状态，然后处理解码过程。很多人认为解码是通过隐状态结合循环神经网络直接生成新的序列，其实在 Seq2Seq 中并不是这样的，对于解码过程，除输入隐状态变量外，我们还需要使用目标序列。解码器中每一时刻的输出都将是下一时刻的输入，直到遇到 EOS 符号，如图 7.19 所示。

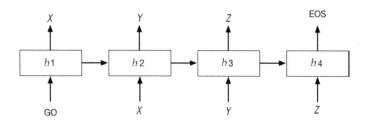

图 7.19

要想了解解码器训练的原理，我们不妨假设目标序列为 "X，Y，Z"。在训练时，我们需要使用本时刻的输出预测下一时刻，即我们 Decoder 的输入应该是 "GO，X，Y，Z"。Decoder 能结合内部的状态和上一时刻的输入去预测下一时刻的输出，因此我们期望的 Decoder 输出应该是 "X，Y，Z，EOS"。其中 "GO" 表示起始，而 "EOS" 表示句子的结束。

上述方法用于训练 Seq2Seq 模型，而使用训练好的模型进行预测时，我们不会再提供目标序列作为输入，也就是上述的 "GO，X，Y，Z"，而是直接使用上一时刻预测出来的结果作为下一个输入，直到输出 EOS 结束符停止预测，如图 7.20 所示。

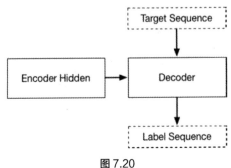

图 7.20

在 Seq2Seq 中构建 Decoder 时，我们需要为其初始化隐藏状态，即使用 Encoder 的隐藏状态进行初始化，将 Decoder 的目标序列作为上一时刻的输出，并将其输入 Decoder，利用 Decoder 预测下一时刻的结果。原始的 RNN 在长序列中容易出现梯度问题，不利于训练，因而，LSTM 和 GRU 在 Seq2Seq 模型中运用得较多。

2. Attention（注意力机制）

注意力机制最早出现在 2014 年 Deepmind 的一篇论文 *Recurrent Models of Visual Attention*。注意力的想法来源于人的行为，当我们看一副图像或者一处景色时，通常会将目光聚焦到某一点，即把我们的注意力集中到某一点。上课时我们的注意力会集中到黑板或者老师；看书时，我们的注意力会集中到书中的内容。尽管我们的视角能够覆盖很大的空间，但我们此时已经忽略与上课、看书无关的信息，而集中于上课、阅读，这就是人类的注意力。

Deepmind 将注意力机制运用到了图像识别中，在一般的图像识别方法中，几乎都是采用卷积神经网络对整个图像进行卷积操作的，这样会使很多无关的信息进入我们的视野，成为噪声，增加计算量。而使用了 Attention 注意力机制之后，识别物体时，我们不用去对整个图像进行卷积操作，而只需聚焦到某一部分去识别。

Attention 机制既然能够如人类一样去观察、识别物体，那么也应该可以应用到语言上，在读小说时，我们会略过一些无用信息，而直奔精彩的情节，这也是一种注意力。除了用于图像，Attention 理论上在自然语言处理（NLP）中也够有一些增强作用。

Attention 与 Seq2Seq 结合后，在机器翻译中有了很大的提升。Seq2Seq+Attention 起源于 Yoshua Bengio 等人的论文 *Neural Machine Translation by Jointly Learning to Align and Translate*，这篇论文在已有的 Seq2Seq 模型下，结合 Encoder 的状态构造了一种 Attention，同时将 Attention 与 Decoder 结合，如图 7.21 所示。

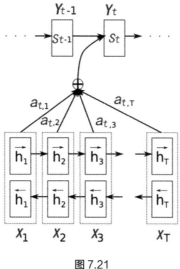

图 7.21

Decoder 的隐藏状态为 S，图 7.21 中 X 为 Encoder 输入序列，而 h 为 Encoder 的隐藏状态，结合 Encoder 得到的隐藏状态可以构建一个 Attention 上下文（context）：

$$e_{ij} = a(s_{i-1}, h_j)$$

Encoder 隐藏状态权重计算：

$$a_{ij} = \frac{\exp(e_{ij})}{\sum_{k=1}^{T} \exp(e_{ij})}$$

这一步的表达形式同 Softmax 函数的表达式，可以求得一个概率分布。

上下文向量（Context Vector）计算：

$$c_i = \sum_{j=1}^{T} \alpha_{ij} h_j$$

获取到当前时刻的上下文向量，结合上一时刻的输出和上一时刻的隐藏状态变量计算下一时刻的隐藏状态：

$$h_t = f(h_{t-1}, y_{t-1}, c_t)$$

上述的 Attention 在解码的每一时刻都会去观察原序列的特征（即 Encoder 隐藏状态），然后利用 Softmax 对所有特征进行加权求和，其中特征明显的就是注意力的目标时刻，会得到更大的 Softmax 概率，对 Decoder 的输出影响越大，帮助也越大。

之后，Attention 得到了进一步的发展和演变，斯坦福大学团队提出了改进版的 Attention，一种是 Global Attention Model，另一种是 Local Attention Model。两者的区别在于 Attention 是基于部分时间点还是基于全局所有时间点，Global Attention 如图 7.22 所示。

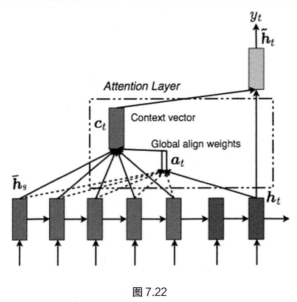

图 7.22

Global Attention 会利用所有的隐藏状态（Encoder 状态和 Decoder 状态）来计算上下文向量：

$$a_t(s) = \mathrm{align}(\boldsymbol{h}_t, \overline{\mathbf{h}}_s)$$

$$= \frac{\exp(\mathrm{score}(\boldsymbol{h}_t, \overline{\mathbf{h}}_s))}{\sum_{s'} \exp(\mathrm{score}(\boldsymbol{h}_t, \overline{\mathbf{h}}_s))}$$

score 函数的计算也提供了三种方式：

$$\mathrm{score}(\boldsymbol{h}_t, \overline{\mathbf{h}}_s) = \begin{cases} \boldsymbol{h}_t^{\mathrm{T}} \overline{\mathbf{h}}_s & dot \\ \boldsymbol{h}_t^{\mathrm{T}} W_a \overline{\mathbf{h}}_s & general \\ \boldsymbol{v}_t^{\mathrm{T}} \tanh(W[\boldsymbol{h}_t; \overline{\mathbf{h}}_s]) & concat \end{cases}$$

使用 Local Attention 时只会使用当前时刻周围的一些点来计算上下文向量，从而减轻了计算压力。使用 Local Attention 时先去预测当前解码的点对应源语言的位置 p，然后利用一个 window（窗）取 p 附近的词，接着计算 p 处的 attention，结合 Decoder 输出当前时刻的预测值，如图 7.23 所示。

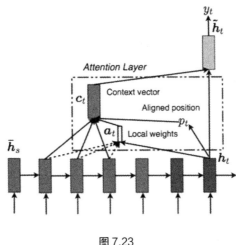

图 7.23

3. Beam Search

Beam Search 是一种启发式搜索算法，类似于宽度有限搜索，主要用于在有限存储和有限时间下找到最优的路径。若给定的词典大小为 1000，组成一句 10 个词的语句，可以有 1000 的 10 次方种情况。若使用普通的搜索算法，无论是从时间还是从空间上来考虑都将是一笔不可估量的开销。而 Beam Search 算法则采取在有限空间内搜索的策略，大大降低了时间和空间的消耗。

我 (0.56)	惹 (0.47)	哎 (0.43)	生 (0.78)	活 (0.8)
哦 (0.24)	热 (0.23)	爱 (0.40)	声 (0.12)	火 (0.17)
喔 (0.2)	若 (0.2)	唉 (0.17)	省 (0.1)	货 (0.03)

Beam Search 算法分为两步，第一步是选择路径，第二步是对选择的路径进行打分并筛选。

算法如下。

（1）设定 Beam Size，即可选的路径数量，初始化数组用于存放 Beam Size 个路径。

（2）选取下一时刻一定数量的值（如取概率由高到低排序的前 N 个数），将这些时刻的值与已有的路径（beam_size）组成新的路径（$N \times$ beam_size）。

（3）根据第（2）步中得到的（N×beam_size）条路径进行打分，或者评估，选取评估最优的前 beam_size 个路径。

（4）若还没有到达结束时刻，则继续第（2）步；若到达结束时刻，则停止。

Beam Search 算法在 Seq2Sep 中常用来作为预测输出，在训练 Decoder 时，可以直接利用标签，也就是目标序列去给下一时刻的预测提供输入。在预测时，我们无法获得这样的目标序列，只能利用上一时刻的预测值去预测下一时刻的值，这样出现的误差会越来越大。若上一时刻的预测有偏差，则下一时刻的预测偏差会越来越大。Beam Search 在 Seq2Seq 解码预测中能够稳定获得最优解，Beam Search 既能基于局部最优获得下一时刻的路径集合，又能通过全局评估从路径集合中选择最优的路径。

7.7 实现

1. Seq2Seq 实现

实现 Seq2Seq 可以分为两部分，第一部分就是构建 Encoder。构建 Encoder 时，可以使用熟悉的 LSTM，或者双向 LSTM（bidirectional_lstm），利用 LSTM 获得中间状态向量。

由于我们处理的输入和输出是自然语言，因而一般输入都是词典的维度，为降低输入的维度，我们需要用 embedding 进行处理。

通过双向 LSTM 获得到输出后，需要把最后时刻的输出作为解码器的初始状态。

构建 Decoder 时，与 Encoder 有些不同，解码器使用的是 GRU 单元，Encoder 是直接计算所有时刻的输出，而解码器需要一步步输入、计算。前面介绍 Seq2Seq 中解码器的训练时，提到过解码器会使用上一时刻的输出作为下一时刻的输入，同时也会使用上一时刻的隐藏状态和上一时刻的输出构成当前时刻的隐藏状态。对于这些复杂的要求，直接调用 GRU 是无法实现的，因此需要将整个过程分解到每一步，也就是需要一步步去计算。

使用循环神经网络时，一般可以直接使用简单的 LSTM 或者 GRU，PaddlePaddle 已经将其中的计算封装好，但如果涉及复杂的计算，例如 Seq2Seq 中需要使用 Encoder 的状态向量来初始化 Decoder 的状态向量，此时就需要自定义循环神经网络的一些实现细节。

PaddlePaddle 已经为循环神经网络提供了很好的分步计算解决方案。我们可以使用 recurrent_group 结合自己定义的 RNN 计算方式来计算输入序列的每一时刻。

在使用 recurrent_group 时，需要先去定义一个 RNN step，即每一步 RNN 计算单元。定义 RNN step 时需要确定输入、中间状态以及输出，输入一般需要在之前添加 embeddinng。

构建 step 时需要添加记忆单元 memory。memory 单元会在每一个时刻中传递，作用同 RNN 中的隐藏变量 h。

```
paddle.v2.layer.memory(name, extra_input=None, **kwargs)
```
参数说明如下：

name	memory 层名称，需要设定
size	memory 大小
boot_layer	memory 初始层

使用 memory 时需要将 Encoder 的输出向量转为 Decoder 的初始状态向量，尤其是向量大小不一致时。

```
memory_boot_layer = paddle.layer.fc(
    input=encoder_vector,
    size=decoder_size,
    act=paddle.activation.Tanh()
)

decoder_memory = paddle.layer.memory(
    size=decoder_size,
    boot_layer=memory_boot_layer,
    name='gru_decoder'
)
```

获取输入，输入要转为 decoder size 的三倍。因为在真实计算中，输入会被三个地方用来计算，所以一开始就使用线性变换的方式对输入进行一次拓展。

```
input_data = paddle.layer.fc(
    input=current_input,
    size=decoder_size * 3
)
```

构造完 memory 并且获得到输入后，即可准备最重要的一步了，即创建 GRU step，定义每一时刻的计算步骤。

PaddlePaddle 中提供了 GRU 分步计算的接口：

```
paddle.v2.layer.gru_step(*args, **kwargs)
```

参数说明如下：

name	GRU step 层名称，需要设定
size	GRU 状态大小
output_mem	每一时刻输出的 memory
gate_act	门激活函数

GRU step 模块。

```
step = paddle.layer.gru_step(

    name='gru_decoder',
    input=input_data,
    size=decoder_size,
    output_mem=decoder_memory
)
```

定义完 step，便可以使用 group_inputs 创建 Decoder 结构了，其中 Decoder 为定义的 step，是一个函数对象，同时需要将当前输入的 word 作为 group_inputs 输入。

```
group_inputs = [current_word_embedding]

decoder = paddle.layer.recurrent_group(
    step=decoder,
    input=group_inputs,
    name='decoder_group'
)
```

结合双向 LSTM 构造的 Encoder 和自定义的 GRU 解码器，添加输入序列的 embedding，即可组成一个简单的 Seq2Seq 模型。

```
def sequence_to_sequence(
        input_sentence,
        target_output,
        encoder_size,
        decoder_size,
        src_dict_dim,
        trg_dict_dim
):

    input_emb = paddle.layer.embedding(
        input=input_sentence,
        size=512
    )

    encoded_vector = paddle.networks.bidirectional_lstm(
        input=input_emb,
        size=encoder_size,
        fwd_act=paddle.activation.Tanh(),
        fwd_gate_act=paddle.activation.Sigmoid(),
        bwd_act=paddle.activation.Tanh(),
        bwd_gate_act=paddle.activation.Sigmoid(),
        return_seq=True
    )

    last_encoder_vector = paddle.layer.last_seq(
        input=encoded_vector
    )

    # 分步计算 GRU
def decoder_step(current_input):

        memory_layer = paddle.layer.fc(
            input=last_encoder_vector,
            size=decoder_size,
            act=paddle.activation.Tanh()
        )
```

```
    # 初始 memory
    decoder_memory = paddle.layer.memory(
        size=decoder_size,
        boot_layer=memory_layer,
        name='gru_decoder'
    )

    input_data = paddle.layer.fc(
        input=current_input,
        size=decoder_size * 3
    )

    step = paddle.layer.gru_step(
        name='gru_decoder',
        input=input_data,
        size=decoder_size,
        output_mem=decoder_memory
    )

    output = paddle.layer.fc(
        input=step,
        size=trg_dict_dim,
        act=paddle.activation.Softmax()
    )

    return output

  target_word_emb = paddle.layer.embedding(
        input=target_output,
        size=512,
        name='current_word_embedding'
    )
)

group_inputs = [target_word_emb]

    decoder = paddle.layer.recurrent_group(
        step=decoder_step,
        input=group_inputs,
        name='decoder_group'
    )

return decoder
```

添加训练损失计算。

```
result = seq2seq(
    encoder_size,
    decoder_size,
    last_target_word_emb
)
```

```
label = paddle.layer.data(
    name='label',
    type=paddle.data_type.integer_value_sequence(target_dict_dim)
)

cost = paddle.layer.classification_cost(
    input=result,
    label=label
)
```

其中 last_target_word_emb 就是上一时刻的输出，而 label 是当前时刻的输出，利用上一时刻的输出和中间状态来计算本时刻的输出，也就是利用 "X" 和中间状态去预测 "Y"。

计算损失时，对于时间序列每一时刻进行分类可以直接采用 classificaton_cost 进行交叉熵损失计算。因此，Decoder 的最后一次输出也需要利用 Softmax 函数将结果转为概率。

2. Beam Search 实现

PaddlePaddle 已经为我们封装了 Beam Search 算法，使用 Beam Search 可以结合 Decoder 进行输出预测。

```
paddle.v2.layer.beam_search(args)
```

参数说明如下：

name	同 Decoder 的 name
step	解码器 RNN step 函数
input	输入
bos_id	序列起始符
eos_id	序列结束符
max_length	最长序列长度
beam_size	Beam Search Size
num_results_per_sample	生成结果数量

使用 Seq2Seq 预测时，结合前面定义的 gru_step 和 Encoder 的输出，即可使用 Beam Search 来预测生成序列。

```
result = paddle.layer.beam_search(
    name='decoder_group',
    input=group_inputs,
    step=_decoder,
    bos_id=1,
    eos_id=2,
    beam_size=3,
    max_length=30
)
```

3. Seq2Seq+Attention 实现

前面介绍过 Attention 的原理，PaddlePaddle Networks 中已经封装了 Attention 模块，其计算方式是按照 2014 年的论文 *Neural Machine Translation by Jointly Learning to Align and Translate* 实现的。

```
paddle.v2.networks.simple_attention(*args, **kwargs)
```

参数说明如下：

name	Attention 模块 name
encoded_sequence	Encoder 的输出序列
encoded_proj	经过 Feed Forward 输出的 Encoder 向量
decoder_state	Decoder 的状态变量
weight_act	Attention 的权重激活函数

Attention 参数中含有一个 encoder_sequence，是直接由 Encoder 输出得到的，而 encoderd_proj 需要利用一层网络进行映射，大小变为与解码器隐藏状态大小相同。

构建带有 Attention 的 decoder_step 函数。

```
def gru_attend_decoder(encoded_vector, encoded_projection,
current_word):
    # boot layer -> memory
    decoder_mem = paddle.layer.memory(
        name='gru_decoder',
        size=decoder_size,
        boot_layer=boot_vector
)

    # encoded vector -> attend context
    attend_context = paddle.networks.simple_attention(
        encoded_sequence=encoded_vector,
        encoded_proj=encoded_projection,
        decoder_state=decoder_mem
)

    # Combine attended context and input
    with paddle.layer.mixed(size=decoder_size * 3) as decoder_inputs:
        decoder_inputs += paddle.layer.full_matrix_projection(
            input=attend_context
        )
        decoder_inputs += paddle.layer.full_matrix_projection(
            input=current_word
        )

    gru_step = paddle.layer.gru_step(
        name='gru_decoder',
        input=decoder_inputs,
```

```
            output_mem=decoder_mem,
            size=decoder_size
    )
    # output
    with paddle.layer.mixed(
            size=target_dict_dim,
            bias_attr=True,
            act=paddle.activation.Softmax()
    ) as out:
        out += paddle.layer.full_matrix_projection(input=gru_step)

    return out
```

构建解码器时，需要将 Encoder 最后时刻的输出作为 Decoder 的初始状体变量，memory 的 boot 由 Encoder 提供。Attention 作为上下文的角色在训练中起作用，同样依赖于 Encoder 的结果序列，使用 Attention 机制实现对齐。在计算 GRU step 时，Attention 提供的 Context 和输入的 embedding 进行组合，作为 GRU 的输入。每一步都会输出一个 Softmax 向量作为分类的结果。

完整的带有 Attention 的 Seq2Seq 实现如下。

```
def seq2seq_attention(
        source_dict_dim,
        target_dict_dim,
        encoder_size,
        decoder_size,
        embedding_size,
        is_train,
):
    # input sentence
    input_sentence = paddle.layer.data(
        name='input_sentence',
        type=paddle.data_type.integer_value_sequence(source_dict_dim))
    # input embedding
    input_emb = paddle.layer.embedding(
        input=input_sentence,
        size=embedding_size,
        param_attr=paddle.attr.ParamAttr(name='input_embedding_param'))

    fwd_lstm = paddle.networks.simple_lstm(
        name='fwd_lstm_layer',
        input=input_emb,
        size=encoder_size
)

    bwd_lstm = paddle.networks.simple_lstm(
        name='bwd_lstm_layer',
        input=input_emb,
        size=encoder_size,
        reverse=True
```

```
)

    # encoder result
    encoded_vector = paddle.layer.concat(
        input=[fwd_lstm, bwd_lstm]
)

    fwd_last = paddle.layer.last_seq(
        input=fwd_lstm
    )
    bwd_first = paddle.layer.first_seq(
        input=bwd_lstm
)

    boot_vector = paddle.layer.fc(
        input=paddle.layer.concat(
            input=[fwd_last, bwd_first]
        ),
        size=decoder_size
)

    # projection for encoded vector
    with paddle.layer.mixed(size=decoder_size) as encoded_proj:
        encoded_proj += paddle.layer.full_matrix_projection(
            input=encoded_vector)

    # GRU Decoder with Attention
def gru_attend_decoder(encoded_vector, encoded_projection,
current_word):

        decoder_mem = paddle.layer.memory(
            name='gru_decoder',
            size=decoder_size,
            boot_layer=boot_vector
        )

        attend_context = paddle.networks.simple_attention(
            encoded_sequence=encoded_vector,
            encoded_proj=encoded_projection,
            decoder_state=decoder_mem
        )

        with paddle.layer.mixed(size=decoder_size * 3) as decoder_inputs:
            decoder_inputs += paddle.layer.full_matrix_projection(
                input=attend_context
            )

            decoder_inputs += paddle.layer.full_matrix_projection(
                input=current_word
            )
```

```
        gru_step = paddle.layer.gru_step(
            name='gru_decoder',
            input=decoder_inputs,
            output_mem=decoder_mem,
            size=decoder_size
        )

        with paddle.layer.mixed(
                size=target_dict_dim,
                bias_attr=True,
                act=paddle.activation.Softmax()) as out:
            out += paddle.layer.full_matrix_projection(input=gru_step)

        return out

    group_input1 = paddle.layer.StaticInputV2(
        input=encoded_vector,
        is_seq=True
    )
    group_input2 = paddle.layer.StaticInputV2(
        input=encoded_proj,
        is_seq=True
    )
group_inputs = [group_input1, group_input2]

if is_train:

        target_word = paddle.layer.data(
            name='target_word',

            type=paddle.data_type.integer_value_sequence(target_dict_dim)
        )

        target_embedding = paddle.layer.embedding(
            input=target_word,
            size=embedding_size,
            param_attr=paddle.attr.ParamAttr(
                name='target_input_embedding_param'
            )
        )
        group_inputs.append(target_embedding)

        decoder = paddle.layer.recurrent_group(
            name='decoder_group',
            step=gru_attend_decoder,
            input=group_inputs)

        label = paddle.layer.data(
            name='label_word',

            type=paddle.data_type.integer_value_sequence(target_dict_dim)
        )
```

```
    cost = paddle.layer.classification_cost(
        input=decoder,
        label=label
    )

    return cost
else:
    target_embedding = paddle.layer.GeneratedInputV2(
        size=target_dict_dim,
        embedding_name='target_input_embedding_param',
        embedding_size=embedding_size
    )
    group_inputs.append(target_embedding)

    result = paddle.layer.beam_search(
        name='decoder_group',
        step=gru_attend_decoder,
        input=group_inputs,
        bos_id=1,
        eos_id=2,
        beam_size=3,
        max_length=30
    )

    return result
```

Seq2Seq 已经在上面的代码中实现出来了，当然我们可以直接将上面提供的代码应用到 Seq2Seq 问题中去，例如智能对话聊天机器人或者神经机器翻译系统。

4. 聊天机器人

说起人工智能，不得不提及的一位重要人物就是图灵，他不仅在早期计算机领域有着突出贡献，还在人工智能领域开辟了广阔的河山，例如非常著名的图灵测试。

图灵测试是用来检测机器是否能自己思考的一个测试实验，测试人工智能能否与人类智能达到相同境界，使得人们无法区分面对的是机器还是人类。图灵测试主要通过对话进行，如果人类与机器谈话时，无法判别与之谈话的是机器还是人类，则图灵测试通过，如图 7.24 所示。

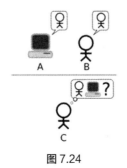

图 7.24

图灵测试通过对话的方式来测试 AI 是否达到人类智能水平，对话能够体现机器的思考能力，包括情感、逻辑以及基本的判断力和知识储备。在人工智能的发展中，聊天机器人技术一直不断突破，早期的对话机器人采用检索的方式来回答问题，预先做好知识储备，在对话时，从问题中提取出关键词，然后在已有的检索库中检索到答案。这样的机器人缺乏智能，功能类似于搜索引擎。在深度学习成为研究热潮后，对话机器人摆脱了之前检索的套路，开始走向智能。目前，互联网行业已经出现了很多智能对话机器人，例如微软推出的微软小冰，如图 7.25 所示。

图 7.25

人工智能机器人通过与人类的对话进行学习，除基本的语料库外，机器人能够学习从聊天中不断提取信息，不断训练自己，此外，机器人能够不断适应人类交流的特点，比如情感融注、上下文揣测，相信在不久的将来，对话机器人将会突破局限，通过图灵测试。

对话系统可以利用深度学习中的 Seq2Seq 来简单实现，其中问题可以作为 Encoder 的输入，而回答可以作为 Decoder 的输出，训练聊天机器人可以采用真实场景的语料库。

前面我们已经实现了含有双向 LSTM 编码器和单层 GRU 的 Seq2Seq 模型，添加训练数据并设定一些参数即可开始训练我们的聊天机器人模型了。对话预料可以使用 GitHub 上开源的中文对话语料（https://github.com/majoressense/dgk_lost_conv），数据集下载完成后需要进行预处理步骤，从中提取词典，并把每一个句子转为数字向量，然后再提供给 PaddlePaddle 训练。

使用"dgk_shooter_min.conv"文件中提供的数据作为原始数据，文件内容的格式如下。

```
E
M sentence A
M sentence B
M sentence C
```

```
M sentence D
E
M sentence E
M sentence F
E
```

按照此格式，利用 Python 将其中的对话提取出来，方便之后构造词典和训练数据。

```python
def collect_conversations(filepath):

    def strip_to_sentences(line):
        line = line.split(' ')[1]
        line = line.rstrip('\n\r')
        line = line.replace('/', '')
        return line

    conversations = []
    print("Starting to collect conversations from file")
    with open(filepath, 'r') as f:
        lines = f.readlines()
        temp_conversation = []
        for line in lines:
            if line[0] == 'E':
                if len(temp_conversation):
                    conversations.append(temp_conversation)
                    temp_conversation = []
            elif line[0] == 'M':
                sentence = strip_to_sentences(line.decode('utf-8'))
                temp_conversation.append(sentence)
    print("Finishing collecting conversations count=%s" %
len(conversations))
return conversations
```

将之前获得的对话集合拆分成问题与回答，其中问题作为训练的输入，而回答作为标签。

```python
def generate_question_answers(conversations):
    questions = []
answers = []

    for conv in conversations:
        if len(conv) % 2 != 0:
            conv = conv[:-1]
        for i in range(len(conv)):
            if i % 2 == 0:
                questions.append(conv[i])
            else:
                answers.append(conv[i])
return questions, answers
```

随机划分训练集和测试集，同时控制句子长度，选择长度小于 30 的对话。

```python
def split_dataset(questions, answers, testset_size, trainset_size):

    train_questions = []
```

```
    train_answers = []
    test_questions = []
    test_answers = []
    indexes = range(len(questions))
    random.shuffle(indexes)
i = 0

    while i < trainset_size:
        conv_index = indexes[i]
        if len(questions[conv_index]) < 30 \
                and len(answers[conv_index]) < 30 \
                and  len(questions[conv_index]) > 0 \
                and len(answers[conv_index]) > 0:
            train_answers.append(answers[conv_index])
            train_questions.append(questions[conv_index])
        i += 1

    while i < trainset_size+testset_size:
        conv_index = indexes[i]
        if len(questions[conv_index]) < 30 \
                and len(answers[conv_index]) < 30 \
                and  len(questions[conv_index]) > 0 \
                and len(answers[conv_index]) > 0:
            test_answers.append(answers[conv_index])
            test_questions.append(questions[conv_index])
        i += 1

    trainset = dict()
    trainset['questions'] = train_questions
    trainset['answers'] = train_answers
    testset = dict()
    testset['questions'] = test_questions
    testset['answers'] = test_answers
return trainset, testset
```

　　构建词典时，需要创建一个很大的哈希表数据结构，遍历所有的对话数据，将每一个字符与其索引值对应。在此之前，需要加入 4 个特殊字符："__PAD__"表示填补符号，"__GO__"表示句子的开始，"__EOS__"表示句子的结束，"__UNK__"表示词典中不存在的字符。

```
def build_vocabulary(trainset, testset, vocabulary_size=10000):
    vocabulary = {}
    conversations = trainset['questions']
    conversations += trainset['answers']
    conversations += testset['questions']
    conversations += testset['answers']
    print("Building the dictionary")
    for line in conversations:
        tokens = [token for token in line.strip()]
        for token in tokens:
            if token in vocabulary:
                vocabulary[token] += 1
            else:
```

```
            vocabulary[token] = 1
    print("dictionary size %s" % len(vocabulary))
    vocabulary_list = [PAD, GO, EOS, UNK]
    vocabulary_list += sorted(vocabulary, key=vocabulary.get,
reverse=True)
    if len(vocabulary_list) > vocabulary_size:
        vocabulary_list = vocabulary_list[:vocabulary_size]
    with open('dictionary', 'w') as f:
        f.write('\n'.join(vocabulary_list))
```

完成词典构建，利用已有的词典将训练数据和测试数据的问题及回答用数字表示出来，方便训练。

```
def convert_sentence_to_vector(sentences, vocabulary, outputfile):

    output_sentences = []
    for sentence in sentences:
        line_vector = []
        for token in sentence.strip():
            line_vector.append(vocabulary.get(token, UNK_ID))
        output_sentences.append(line_vector)

    with open(outputfile, 'w') as openfile:
        for sentence_vector in output_sentences:
            openfile.write(','.join([str(x) for x in sentence_vector]) +
'\n')
print("Saving to file: %s" % outputfile)
```

利用 convert_sentence_to_vector 函数将训练数据和测试数据转化成向量，添加训练时的 data reader，我们需要给每一个句子添加 GO 开始标识符和 EOS 结束标识符，同时解码器的输入应该是 GO+Sentence，而解码器的输出是 Sentence+EOS，相差一个字符。

```
def create_reader(is_train=True):

    def reader():
        if is_train:
            answer_path = 'data/train_answers'
            question_path = 'data/train_questions'
            size = 20000
        else:
            answer_path = 'data/test_answers'
            question_path = 'data/test_questions'
            size = 9000
        questions = open_file(question_path)
        answers = open_file(answer_path)
        for i in range(size):
            yield ([GO_ID]+questions[i]+[EOS_ID]), \
                  ([GO_ID]+answers[i]), \
                  (answers[i]+[EOS_ID])
return reader
```

此时可以直接调用 Seq2Seq 模型，结合对话语料数据进行训练、测试，训练使用

RMSProp 优化方法，学习率设为 0.0001。

```
def train():

paddle.init(use_gpu=False, trainer_count=1)

    cost = seq2seq_attention(
        source_dict_dim=dict_dim,
        target_dict_dim=dict_dim,
        encoder_size=512,
        decoder_size=512,
        embedding_size=512,
        is_train=True
)

parameters = paddle.parameters.create(cost)

    optimizer = paddle.optimizer.RMSProp(
        learning_rate=0.0001,
)

    trainer = paddle.trainer.SGD(
        cost=cost,
        parameters=parameters,
        update_equation=optimizer
)

    feeding = {
        'input_sentence': 0,
        'target_word': 1,
        'label_word': 2,
}

    train_reader = data_reader.create_reader(True)
    trainer.train(
        num_passes=10,
        event_handler=event_handler,
        reader=paddle.batch(
            reader=train_reader,
            batch_size=64
        ),
        feeding=feeding
)
```

Seq2Seq 模型训练需要很长的时间才能收敛。

5. 机器翻译

深度学习的出现给机器翻译（Machine Tranlation）带来很大的突破，同时随着 NLP 研究的不断发展，机器翻译技术也在不断被更新。尽管翻译的准确率已经达到人类水平，但每年仍有大量的论文来改进现有的方法。

　　Seq2Seq 模型是目前主流的机器翻译模型，同时有些会嵌入 Attention 机制。Google 在 2016 年开放了 Google Neural Machine Translation 系统（*Google's Neural Machine Translation System: Bridging the Gap between Human and Machine Translation*），其中的模型也是基于 Seq2Seq+Attention 的，如图 7.26 所示。

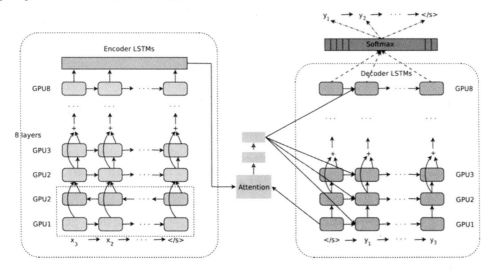

图 7.26

　　Encoder 为多层 LSTM，而 Decoder 基于 Attention，由多层 LSTM 构成。

　　机器翻译大多使用 WMT 数据集，WMT 是机器翻译领域的一项顶尖评测比赛，每年都会更新机器翻译数据集，数据集中包含多种语言对，如西班牙语与英语、德语与英语等。WMT 也是研究者最常用的一个数据集。

　　在此之前，我们已经熟悉了各种数据集的读取和转化，现在不妨直接使用 PaddlePaddle 中提供的数据集接口来简化数据准备和读取工作。

```
wmt_reader = paddle.batch(
    paddle.reader.shuffle(
        paddle.dataset.wmt14.train(dict_size=dict_dim), buf_size=1024),
    batch_size=64
)
```

　　结合 Seq2Seq 和 Attention，便可以开始训练机器翻译模型了。WMT 数据集比较庞大，建议使用服务器和 GPU 进行训练。

7.8　Image Caption

在完成图像识别这样的基础任务时，利用卷积神经网络可以从图像中提取出物体分类，而图像描述（Image Caption）相比于图像识别，能够从图像中提取出更多信息，然后为图像生成一段描述文字，类似于小学课本中的"看图说话"。

图像描述（Image Caption）是涉及计算机视觉和自然语言处理两个领域的一个综合任务。其中，计算机视觉主要用于"看图"，即从图像中提取出特征信息，而自然语言处理用于"说话"，即利用提取的特征信息组成语言生成一段文字，如图 7.27 所示。

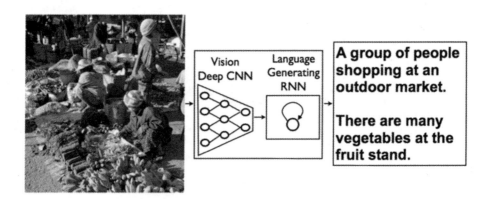

图 7.27

1. Image Caption 算法

在学术界公开的研究中，图像描述（Image Caption）多采用 CNN-RNN 的模型。首先利用深度卷积神经网络提取图像信息，然后将提取到的信息传递给 RNN 模型，利用 RNN 生成一段文字序列，其中，CNN 作为编码器，而 RNN 则作为解码器。RNN 的结构类似于前面介绍的 Seq2Seq 模型中的解码器。

（1）NIC

NIC（Neural Image Caption）是 Google 在 2014 年发布的图像描述（Image Caption）的方法，直接使用预训练 GoogLeNet 提取图像特征，然后使用 LSTM 网络来生成文本。

如图 7.28 所示，$(S_0, S_1, ..., S_{N-1})$ 为真实描述文字序列，每个时刻的输入为上一时刻的输出，输出为对应文字的概率。在做推理预测时，使用 Beam Search 算法生成完整的句子。

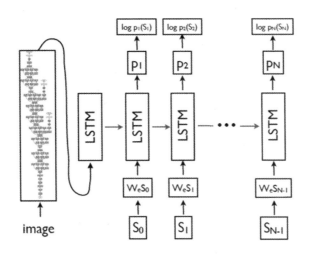

图 7.28

（2）NIC with Attention

NIC with Attention 模型是在 2016 年发布的，相比于 Google 的 NIC，此模型中添加了 Attention 机制，如图 7.29 所示。

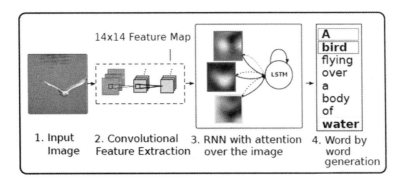

图 7.29

2. Image Caption 实现

参考 Google 提出的 NIC 模型，下面尝试使用 PaddlePaddle 实现一个简单的图像描述模型。

（1）数据集

常用的图像描述数据集有 MS COCO、Flickr8k 和 Flickr30k 数据集，且均为英文文本标注。

其中，Flickr8k 约有 8000 张图像数据，实现算法时采用 Flickr8k 数据集。

访问 Flickr8k 数据集官网：http://nlp.cs.illinois.edu/HockenmaierGroup/Framing_Image_Description/KCCA.html

注：下载数据集时需要填写部分信息，确认服从一些条款和规则，然后就可以在邮箱中收到下载链接了。

数据集分图像和描述两部分，其中 Flickr8k_text 目录内有图像对应的标注数据，Flickr8k.token.txt 含有每张图像对应的五条描述文字。

（2）数据处理

由于图像是任意尺寸的，因此在训练前，需要将尺寸统一，为使用预训练的 ImageNet 模型来提取图像特征，需要将输入图像转为 224x224。PaddlePaddle 在 0.11 版本中加入了图像数据加载和处理的 API。

```
paddle.image.load_and_transform()
```

参数说明：

filename	图像数据文件名
resize_size	重新调整后的尺寸
crop_size	剪切尺寸
is_train	训练
is_color	彩色图像

在给定的 tokens 文件中，每张图片的文件名对应着五句描述，首先需要读取文件名对应的描述，然后根据描述构建词典，将描述转为词典索引存储。

```
__UNK__  = 'UNK'
__GO__   = 'GO'
__EOS__  = 'EOS'

# 保存词典
def save_dict(dict_path, word2id, id2word):
    f = open(dict_path + 'word2id.pkl', 'wb')
    pickle.dump(word2id, f)
    f.close()

    f = open(dict_path + 'id2word.pkl', 'wb')
    pickle.dump(id2word, f)
    f.close()


# 加载词典
```

```
def load_dict(dict_path):
    f = open(dict_path + 'word2id.pkl', 'rb')
    word2id = pickle.load(f)
    f.close()

    f = open(dict_path + 'id2word.pkl', 'rb')
    id2word = pickle.load(f)
    f.close()
    return word2id, id2word

# 存储转换的 label
def save_converted_labels(filepath, converted_labels):
    f = open(filepath, 'wb')
    pickle.dump(converted_labels, f)
    f.close()

# 加载转换的 label
def load_converted_labels(filepath):
    f = open(filepath, 'rb')
    labels = pickle.load(f)
    f.close()
    return labels


# preprocess the labels
def preprocess():

    token_file_path = 'data/Flickr8k_text/Flickr8k.token.txt'
    # 读取文件
    with open(token_file_path, 'r') as f:
        lines = f.readlines()
    lines = [x.strip('\n\r') for x in lines]

    # 分离出描述文字
    sentences = dict()
    for line in lines:
        elements = line.split('\t')
        img_name = elements[0].split('#')[0]
        if img_name not in sentences:
            sentences[img_name] = elements[1]

    # 构建词典
    sentence_words = dict()
    tokens = dict()
    for key in sentences.keys():
        words = sentences[key].lower().split(' ')
        if words[-1] == '.':
            words = words[:-1]
        sentence_words[key] = words
        for word in words:
            num = tokens.get(word, 0)
```

```
        tokens[word] = num + 1

    # vocabulary
    vocabulary = [__UNK__, __GO__, __EOS__] + sorted(tokens,
key=tokens.get, reverse=True)
    # 词典/索引 转化
    words2id = {}
    id2words = {}
    for (i, v) in enumerate(vocabulary):
        words2id[v] = i
        id2words[i] = v

    # 将 label 转为数字 label
    result = {}
    for key in sentence_words.keys():
        words = sentence_words[key]
        word_id = [words2id.get(x, 0) for x in words]
        result[key] = word_id

    if not os.path.exists('dict/'):
        os.mkdir('dict/')
    save_dict('dict/', words2id, id2words)
    save_converted_labels('data/converted_labels.pkl', result)
```

（3）数据配置

定义训练数据 Reader 和测试数据 Reader。

```
# 获得训练/测试 图像文件名
def get_image_list(is_train=True):

    if is_train:
        list_path = image_list_path + 'Flickr_8k.trainImages.txt'
    else:
        list_path = image_list_path + 'Flickr_8k.testImages.txt'
    with open(list_path, 'r') as f:
        lines = f.readlines()
    image_list = [x.rstrip('\n\r') for x in lines]

    return image_list


def create_reader(is_train):

    image_list = get_image_list(is_train)
    num_samples = len(image_list)
    labels = load_converted_labels('data/converted_labels.pkl')

    def reader():
        for idx in xrange(num_samples):
            image_name = image_list[idx]
            label = labels[image_name]
```

```
    image_path = image_dir + image_name
    img = paddle.image.load_and_transform(
        filename=image_path,
        resize_size=224,
        crop_size=224,
        is_train=True,
        is_color=True
    ).flatten().astype('float32')
    yield img, [1] + label, label + [2]

return reader
```

（4）模型配置

NIC 模型中使用了 GoogLeNet 作为图像特征提取，在设计编码器时，不妨使用 ResNet50 来提取特征，然后利用 GRU 循环神经网络来生成描述，如图 7.30 所示。

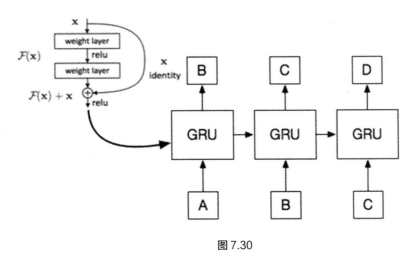

图 7.30

PaddlePaddle 官方提供了 ResNet50 的代码和模型文件，可以直接使用 pretrained model 来构建 Image Caption 模型。

ResNet50 模型代码：https://github.com/PaddlePaddle/models/blob/develop/image_classification/resnet.py

ResNet50 模型参数文件：

http://cloud.dlnel.org/filepub/?uuid=f63f237a-698e-4a22-9782-baf5bb183019

在使用官方代码时，注意修改 ResNet50 中每层网络模型参数的属性为 static，避免在训练过程中，梯度反向传播，影响 ResNet50 的效果。

```
param_attr=paddle.attr.Param(is_static=True)
```

ResNet50 输出 2048 维图像特征，在解码时，可以进一步进行降维。

解码器采用单层 GRU，在前面 Seq2Seq 中首次使用了 RNN Group 来自定义每一个计算步骤（step），在使用 GRU 解码时，同样可以使用 RNN Group 方式来定义循环操作。

使用 ResNet50 提取到图像特征：

```
encoded_features = paddle.layer.fc(
    input=features,
    size=512,
    act=paddle.activation.Relu(),
    name='encoded_features'
)
```

Decoder 计算步骤（step）：

```
def decoder_step(current_word):
    decoder_memory = paddle.layer.memory(
        name="gru_decoder",
        size=decoder_size,
        boot_layer=encoded_features
    )

    decoder_inputs = paddle.layer.fc(input=current_word,
size=decoder_size * 3)

    gru_step = paddle.layer.gru_step(
        name="gru_decoder",
        act=paddle.activation.Tanh(),
        input=decoder_inputs,
        output_mem=decoder_memory,
        size=decoder_size
    )

    out = paddle.layer.fc(
        size=dict_dim,
        bias_attr=True,
        act=paddle.activation.Softmax(),
        input=gru_step
    )

    return out
```

降维后的图像特征可以直接作为 RNN 的初始记忆，GRU 单元每时刻的输入为上一时刻的输出。

Decoder 完整代码：

```python
def decoder(
    features,
    dict_dim,
    target=None,
    max_length=30,
    beam_size=3,
    decoder_size=512,
    embed_size=512,
    label=None,
    is_train=True):

    encoded_features = paddle.layer.fc(
        input=features,
        size=512,
        act=paddle.activation.Relu(),
        name='encoded_features'
    )

    def decoder_step(current_word):
        decoder_memory = paddle.layer.memory(
            name="gru_decoder",
            size=decoder_size,
            boot_layer=encoded_features
        )
        decoder_inputs = paddle.layer.fc(input=current_word,
size=decoder_size * 3)

        gru_step = paddle.layer.gru_step(
            name="gru_decoder",
            act=paddle.activation.Tanh(),
            input=decoder_inputs,
            output_mem=decoder_memory,
            size=decoder_size
        )

        out = paddle.layer.fc(
            size=dict_dim,
            bias_attr=True,
            act=paddle.activation.Softmax(),
            input=gru_step
        )

        return out

    group_inputs = [] #=
[paddle.layer.StaticInput(input=encoded_features)]
    if is_train:
        # training
        target_embed = paddle.layer.embedding(
            input=target,
            size=embed_size,
            name='embedding',
            param_attr=paddle.attr.ParamAttr(name="embedding")
```

```
        )
        group_inputs.append(target_embed)

        decoder_output = paddle.layer.recurrent_group(
            name='gru_group_decoder',
            step=decoder_step,
            input=group_inputs
        )
        cost = paddle.layer.classification_cost(input=decoder_output,
label=label)
        return cost
    else:
        # generating
        target_embed = paddle.layer.GeneratedInput(
            size=dict_dim,
            embedding_name='embedding',
            embedding_size=embed_size
        )
        group_inputs.append(target_embed)

        beam_gen = paddle.layer.beam_search(
            name='gru_group_decoder',
            step=decoder_step,
            input=group_inputs,
            bos_id=0,
            eos_id=1,
            beam_size=beam_size,
            max_length=max_length)

        return beam_gen
```

输入序列维度较高，需要使用 Embedding 进行降维，在训练过程中，使用 target 序列作为 GRU 的输入。target 序列由我们自己提供，与 Seq2Seq 训练一样，target 由 GO" 和描述数据组成，而与输出对比的 label 由描述数据和 "EOS" 组成，然后计算输出结果和 label 的分类损失。在进行推理预测时，需要借助 Beam Search 算法实现。

结合 ResNet50 和 Decoder：

```
def train_caption_net(input_images, target, label, dict_dim):
    encoder_ = resnet_imagenet(input_images)
    cost = decoder(features=encoder_, target=target, label=label,
dict_dim=dict_dim)
    return cost
```

定义数据输入：

```
image = paddle.layer.data(name="image",
type=paddle.data_type.dense_vector(DATA_DIM))
```

```
target = paddle.layer.data(name="target",
type=paddle.data_type.integer_value_sequence(DICT_DIM))

label = paddle.layer.data(name="label",
type=paddle.data_type.integer_value_sequence(DICT_DIM))
```

初始化 PaddlePaddle 环境：

```
paddle.init(use_gpu=False, trainer_count=1)
```

训练配置：

```
def train(epoches):

    # 训练数据
    train_reader = create_reader(True)
    # 测试数据
    test_reader = create_reader(False)
    train_batch = paddle.batch(reader=paddle.reader.shuffle(train_reader,
buf_size=32), batch_size=32)
    test_batch = paddle.batch(reader=paddle.reader.shuffle(test_reader,
buf_size=32), batch_size=32)

    feeding = {'image': 0, 'target': 1, 'label': 2}

    cost = train_caption_net(dict_dim=DICT_DIM, target=target,
label=label, input_images=image)

    adam_optimizer = paddle.optimizer.Adam(
        learning_rate=1e-4,
        regularization=paddle.optimizer.L2Regularization(rate=8e-4),
        model_average=paddle.optimizer.ModelAverage(average_window=0.5)
    )

    # 初始化参数，从预训练文件中加载 ResNet 模型参数
    parameters = paddle.parameters.create(cost)
    parameters.init_from_tar(gzip.open('params/Paddle_ResNet50.tar.gz'))

    def event_handler(event):
        if isinstance(event, paddle.event.EndIteration):
            if event.batch_id % 5 == 0:
                line = "Pass %d, Batch %d, Cost %f, %s\n" % (
                    event.pass_id, event.batch_id, event.cost,
event.metrics)
                print(line)
        if isinstance(event, paddle.event.EndPass):
            with gzip.open('params/params_pass_%d.tar.gz' % event.pass_id,
'w') as f:
                parameters.to_tar(f)
            result = trainer.test(reader=test_batch)
            line = "Test with Pass %d, %s" % (event.pass_id,
result.metrics)
```

```
        print(line)

trainer = paddle.trainer.SGD(
    cost=cost,
    parameters=parameters,
    update_equation=adam_optimizer
)

trainer.train(
    reader=train_batch,
    event_handler=event_handler,
    feeding=feeding,
    num_passes=epoches
)
```

至此,Image Caption 的模型就实现完成了,下面开始调试训练。由于图像过大,若采用较大的 batch size,则需要很大的内存,因而测试时可以使用较小的 batch size,正式部署时再使用 GPU 配合大容量内存训练。

3. 测试模型

使用 PaddlePaddle 提供的 Inference 接口,加载已经训练的参数,输出 Beam Search 生成的序列,结合数据预处理时生成词典索引将其翻译成语句。

修改模型为预测模型:

```
def predict_caption_net(input_images, dict_dim):
    encoder_ = resnet_imagenet(input_images)
    word = decoder(features=encoder_, dict_dim=dict_dim, is_train=False)
    return word
```

加载模型参数,导入测试图像,修改图像尺寸以适应网络的输入:

```
def generate(image_path):

    paddle.init(use_gpu=False, trainer_count=1)

    DATA_DIM = 224 * 224 * 3
    DICT_DIM = 4529
    image = paddle.layer.data(name="image",
type=paddle.data_type.dense_vector(DATA_DIM))
    output = predict_caption_net(image, DICT_DIM)

    parameters =
paddle.parameters.Parameters.from_tar(gzip.open('params/params_pass_5.t
ar.gz'))
    # 加载 词典/索引 文件
    with open('dict/id2word.pkl', 'rb') as f:
        id2word = pickle.load(f)

    img = paddle.image.load_and_transform(
```

```
        filename=image_path,
        resize_size=224,
        crop_size=224,
        is_train=True,
        is_color=True
    ).flatten().astype('float32')

    inferer = paddle.inference.Inference(output_layer=output,
parameters=parameters)
    result = inferer.infer(input=[(img,)], field=["prob", "id"])
    # 将输出转化为文字序列
    result = translate(result, id2word)
    print("[Image]: {}".format(image_path))
    for p in result:
        print("[Prob: {}] {}".format(p[0], p[1]))
```

通过 PaddlePaddle infer 会得到一段每条句子的 Beam Search 得分，生成结果为以-1 为间隔的单序列，每句通过-1 分隔。拿到生成的结果后，结合预处理时生成的 id2word 文件，进一步转为可供阅读的英文句子。

```
def translate(output, id2word):
    probs = output[0][0]
    sentence = output[1]

    result = []
    tmp = []
    idx = 0

    def remove_eos(word):
        if word == 'EOS':
            return False
        return True

    for word in sentence:
        if word == -1:
            p = [id2word[x] for x in tmp]
            p = filter(remove_eos, p)
            p = ' '.join(p)
            result.append((probs[idx], p))
            idx += 1
            tmp = []
        else:
            tmp.append(word)

    return result
```

经过 6 轮训练后，测试结果如图 7.31 所示。

图 7.31

参考文献

[1] Ian Goodfellow. Yoshua Bengio, Arron Courville. Deep Learning. MIT Press，2016.

[2] PaddlePaddle Documentation.http://doc.paddlepaddle.org

[3] captcha. https://github.com/lepture/captcha

[4] Baoguang Shi. An End-to-End Trainable Neural Network for Image-based Sequence Recognition and Its Application to Scene Text Recognition. https://arxiv.org/abs/1507.05717

[5] Alex Graves. Connectionist Temporal Classification: Labelling Unsegmented Sequence Data with Recurrent Neural Networks

[6] CTC 模型 CRNN 教程.http://models.paddlepaddle.org/2017/06/02/ ctc-README.html

[7] 文字检测数据库.http://www.cnblogs.com/lillylin/p/6893500.html

[8] http://deeplearning.net/tutorial/lstm.html

[9] Applications of Deep Learning to Sentiment Analysis of Movie Reviews

[10] https://zh.wikipedia.org/wiki/%E6%96%87%E6%9C%AC%E6%83%85%E6%84%9F%E5%88%86%E6%9E%90

[11] PaddlePaddle Sentiment Analysis.http://book.paddlepaddle.org/index.html

[12] Ilya Sutskever, Oriol Vinyals, Quoc V. Le. Sequence to Sequence Learning with Neural Networks.https://arxiv.org/abs/1409.3215

[13] Dzmitry Bahdanau, Kyunghyun Cho, Yoshua Bengio. Neural Machine Translation by Jointly Learning to Align and Translate. https://arxiv.org/abs/1409.0473

[14] PaddlePaddle Machine Translation. http://book.paddlepaddle.org/index.html

[15] Minh-Thang Luong, Hieu Pham, Christopher D. Manning. Effective Approaches to Attention-based Neural Machine Translation

[16] Google, s Neural Machine Translation System: Bridging the Gap between Human and Machine Translation

[17] 聊天机器人制作. http://blog.topspeedsnail.com/archives/10735

[18] Beam Search 算法及其应用. http://hongbomin.com/2017/06/23/beam-search/

[19] Show and Tell: A Neural Image Caption Generator

[20] Show, Attend and Tell: Neural Image Caption Generation with Visual Attention

## 第 8 章

深度学习新星：生成对抗网络 GAN

2014 年深度学习领域出现了一颗璀璨的明星，Ian Goodfellow（Google Brain）首次公开提出 Generative Adversarial Networks（生成对抗网络），Yann LeCun 曾评价道："20 年来机器学习领域最酷的想法。" GAN 从出世开始就一直受到人们的广泛关注与研究，最近几年，关于 GAN 的研究一直是热点，当然，在 GAN 的理论上也诞生了不少新的解决问题的思路和方法。若要深度学习研究，GAN 是一个很不错的方向。

8.1 生成对抗网络（GAN）

生成对抗网络最先源于 Ian Goodfellow 的一篇论文 *Generative Adversarial Nets*，如图 8.1 所示。

GAN 中构造了一个生成网络 G，同时构造了一个判别网络 D。生成网络 G 通过学习样本数据的概率分布，然后利用输入的噪声生成一个与样本相似的数据。判别网络主要判别生成网络 G 生成的新数据与真实数据之间的差异，判断生成的图片是否来自真实数据集。

对于生成模型和判别模型，我们可以用一个非常生动的例子来形容。生成模型 G 可以看作一个小偷，这个小偷需要不断学习来提升自己的偷盗能力，同时还要提升自己的掩饰和隐藏能力，因为在这个治安严格的社会，稍有差错就会被逮到送进监狱。而我们的判别模型 D 就是一个警察，警察也需要不断学习来提升自己抓小偷的能力，因为现在的小偷伪装能力越来越高。这样，警察和小偷之间就展开了一场竞赛。因此，训练生成模型 G 的目标就是生成与真实数据越来越相似的数据，从而使得判别模型无法正确判别，而训练判别模型 D 的目标就是识破生成模型 G，这就是 GAN 的内容。

Generative Adversarial Nets

Ian J. Goodfellow,　Jean Pouget-Abadie, Mehdi Mirza, Bing Xu, David Warde-Farley,
Sherjil Ozair, Aaron Courville, Yoshua Bengio
Département d'informatique et de recherche opérationnelle
Université de Montréal
Montréal, QC H3C 3J7

Abstract

We propose a new framework for estimating generative models via an adversarial process, in which we simultaneously train two models: a generative model G that captures the data distribution, and a discriminative model D that estimates the probability that a sample came from the training data rather than G. The training procedure for G is to maximize the probability of D making a mistake. This framework corresponds to a minimax two-player game. In the space of arbitrary functions G and D, a unique solution exists, with G recovering the training data distribution and D equal to $\frac{1}{2}$ everywhere. In the case where G and D are defined by multilayer perceptrons, the entire system can be trained with backpropagation. There is no need for any Markov chains or unrolled approximate inference networks during either training or generation of samples. Experiments demonstrate the potential of the framework through qualitative and quantitative evaluation of the generated samples.

图 8.1

GAN 原理：GAN 中运用生成网络从噪声生成假数据，然后利用判别网络来判别假数据和真实数据，假设噪声为 z，生成数据为 $G(z)$，判别器输入为 x，判别输出概率为 $D(x)$，我们的目标是使生成网络 G 生成更加真实的数据，也就是需要最小化：

$$\log[1-D(G(z))]$$

同时提高判别网络 D 的能力：

$$\log(D(x))$$

GAN 算法如下。

Algorithm 1 Minibatch stochastic gradient descent training of generative adversarial nets. The number of steps to apply to the discriminator, k, is a hyperparameter. We used $k = 1$, the least expensive option, in our experiments.

---

for number of training iterations **do**

  for k steps **do**

    • Sample minibatch of m noise samples $\{z^{(1)}, \dots, z^{(m)}\}$ from noise prior $p_g(z)$.

    • Sample minibatch of m examples $\{x^{(1)}, \dots, x^{(m)}\}$ from data generating distribution $p_{\text{data}}(x)$.

    • Update the discriminator by ascending its stochastic gradient:

$$\nabla_{\theta_d} \frac{1}{m} \sum_{i=1}^{m} \left[\log D\left(x^{(i)}\right) + \log\left(1 - D\left(G\left(z^{(i)}\right)\right)\right) \right].$$

  end for

  • Sample minibatch of m noise samples $\{z^{(1)}, \dots, z^{(m)}\}$ from noise prior $p_g(z)$.

  • Update the generator by descending its stochastic gradient:

$$\nabla_{\theta_g} \frac{1}{m} \sum_{i=1}^{m} \log\left(1 - D\left(G\left(z^{(i)}\right)\right)\right).$$

end for

The gradient-based updates can use any standard gradient-based learning rule. We used momentum in our experiments.

GAN 算法将 Discriminator 和 Generator 分开训练，选取的目标函数不同，每一轮迭代，更新一次 Generator，同时进行 k 轮 Discriminator 的迭代更新，k 为超参数，可人为指定。

GAN 在 MNIST 手写数字数据集上生成的结果如图 8.2 所示。

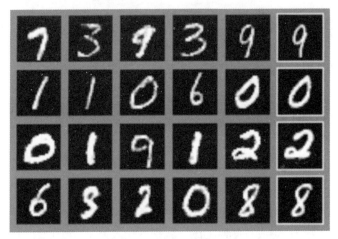

图8.2

GAN 在 TFD（Toronto Face Dataset）上的效果如图 8.3 所示。

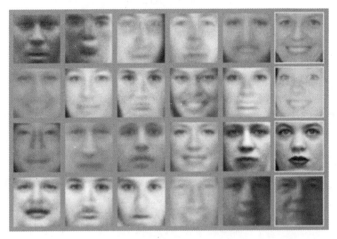

图8.3

GAN 的算法简单明了，优化目标以及输入输出在算法中十分明确。要想实现 GAN，就需要构造一个生成网络 G 和一个判别网络 D，然后使用 SGD 方法进行优化，如图 8.4 所示。

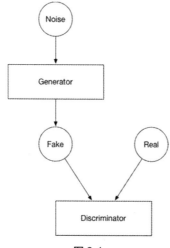

图 8.4

现在我们已经对 GAN 有一个全方位的了解了，当然，GAN 网络也可以用 PaddlePaddle 实现，不过，由于 PaddlePaddle 暂时没有提供上层自定义 Loss 的接口，因此只能通过底层的接口来实现 GAN。PaddlePaddle 开发者在项目 demo 中已经提供了底层版的 GAN 实现。

项目地址：https://github.com/PaddlePaddle/Paddle/tree/develop/v1_api_demo/gan。

在这个 GAN 项目中，gan_trainer 使用 paddle_swig 的 API 来实现，分析代码可以了解一些 PaddlePaddle 的内部机制。

确定 PaddlePaddle 训练参数，并初始化 PaddlePaddle。

```
import py_paddle.swig_paddle as api

api.initPaddle('--use_gpu=0', '--dot_period=10','--log_period=100')
```

其中的参数与使用 PaddlePaddle V1 版时相同，即调用 PaddlePaddle 命令时的命令行参数。

解析定义的网络结构文件，生成 PaddlePaddle 运行时的模型配置，其中 config_parser 文件定义了解析 PaddlePaddle 网络结构的函数和类。

```
from paddle.trainer.config_parser import parse_config

conf = parse_config('trainer_config.py')
```

利用解析好的配置生成 Proto 和 Gradient Machine，PaddlePaddle 通过 GradientMachine 进行训练。

```
training_machine =
api.GradientMachine.createFromConfigProto(conf.model_config)
```

创建 Trainer 并开始训练。

```
trainer = api.Trainer.create(conf, training_machine)

trainer.startTrain()
```

然后迭代测练模型。

```
for i in range(NUM_PASS):

    # forward 运算
training_machine.forward(...)

    # 计算 loss

training_machine.finishTrainPass()
```

训练结束后调用 finishTrain 结束训练。

```
training_machine.finishTrain()
```

PaddlePaddle 就是通过这样一个流程来进行训练的，首先对网络配置进行解析，生成运行时的配置（建立数据流图或者链表之类的数据结构），构造一个 Gradient Machine，也就是我们定义的 training_machine；然后迭代，不断输入数据，进行前向传播，计算误差；接着反向传播优化参数，反复迭代，直到最后完成训练。

现在再来阅读 PaddlePaddle GAN 源码应该不会太困难了，使用 PaddlePaddle 底层 API 可以帮助我们自定义一些操作。

对于 GAN demo，我们可以使用 MNIST 数据集进行测试，打开命令行，运行 gan_trainer.py 脚本进行 GAN 训练。

```
Python gan_trainer.py -datasource=mnist -use_gpu=0
```

训练 40 轮后，利用 Generator 生成的 MNIST 手写数字如图 8.5 所示。

图 8.5

PaddlePaddle 开发者提供的 GAN demo 中的生成网络和判别网络均使用三层卷积网络实现，当然，也可以使用其他模型来实现。

8.2　GAN 的其他应用

在了解了 GAN 的基础知识之后，你可能会问：GAN 究竟能做哪些事情呢？GAN 最主要的应用就是"生成"。

1. SRGAN（Super Resolution GAN）图像超分辨率

图像超分辨率一直是计算机视觉领域中备受关注的话题，大多数图像都是通过采样得到的，有些甚至会因易于传输而用有损压缩，因此，一般我们获取的图像都有些失真或者分辨率不高，所以研究图像超分辨率在现实中可以得到广泛应用。

SISR（Signle Image Super Resolution）在数字图像处理中主要运用插值方法来恢复原始分辨率。但这种方法更多的是依靠图像的浅层局部特征，而无法提取图像的深层特征，效果不佳。Twitter 研究人员结合 ResNet 和 GAN 实现了图像的 Super Resolution（论文 *Photo-Realistic Single Image Super-Resolution Using a Generative Adversarial*），ResNet 凭借其深度可以提取图像的深层特征。将低分辨率图像作为输入，通过生成网络 G 的作用将低分辨率的图像转化为高分辨率图像，同时利用判别网络 D 判断超分辨率的效果，并不断优化。

SRGAN 在生成网络中使用多个 Residual Block（ResNet）来合成 SR（Super Resolution）图像，判别器 G 使用 VGG 网络模型判别生成的 SR 图像和输入的 HR 图像的差别。与原始 GAN 一样，高分辨率生成器 G 和判别器 D 同时进化，同时竞争，训练出来的生成器 G 可以直接用来生成高分辨率图像。SRGAN 网络结构如图 8.6 所示。

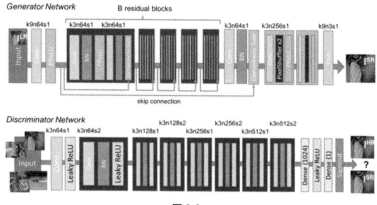

图 8.6

论文中的实验效果如图 8.7 所示。

图8.7

2. Image to Image Translation（图像到图像转换）

GAN 的最终目的是训练出更符合真实情况的数据，在此之前，我们见识了 GAN 如何将低分辨率图像转为高分辨率图像，GAN 也可以用来实现 Image to Image Translation，即图像到图像转换。我们输入待转换图像和噪声，待转换图像可以是一个物体的轮廓图，利用生成网络 G，得到转换后的图像，然后使用判别网络与真实的图像对比，如图 8.8 所示。*Image-to-Image Translation with Conditional Adversarial Networks* 中利用 GAN 提出了一种 Image to Image translation 的方法——"pix2pix"。

图8.8

GAN 的应用远不止于此，作为深度学习的一颗明星，其研究潜力还有待发掘，GAN 通过使用对抗训练使得生成模型更加接近真实数据。GAN 除了在图像生成、转换中有着卓越的效果，在其他领域，如 NLP 和视频中依然可以得到运用。未来的研究可能会从有监督模型迈向半监督模型或者无监督模型，GAN 确实给我们带来了契机。

参考文献

[1]　Ian Goodfellow. Generative Adversarial Networks. https://arxiv.org/abs/ 1406.2661

[2]　Phillip Isola. Image-to-Image Translation with Conditional Adversarial Networks. https://arxiv. org/abs/1611.07004

[3]　Photo-Realistic Single Image Super-Resolution Using a Generative Adversarial Network. https://arxiv.org/abs/1609.04802

## 第 9 章

强化学习与 AlphaGo

强化学习（Reinforcement Learning）是机器学习领域内的一个分支，强化学习主要研究如何与环境交互获得最大收益。

在此之前，我们讨论的深度学习其实是基于监督学习（Supervised Learning）的，其中使用了数据和其对应的标签，利用标签与预测输出进行对比，然后不断优化我们的模型。利用这种方式，在拥有大量数据的情况下，我们的模型可以得到很高的准确率，例如图像分类、物体检测。

有监督学习更像是有老师来"教"，确实，人们最初的学习都是依靠老师教导的，而强化学习更多是自学。假设有一天你的爸爸说："这次考试如果考到满分，就请你去吃大餐！"此时的你被父亲这句话给打动了，于是花大量的时间去学习、研究，自己不断练习，不断做题，中间可能会遇到很多错误，但随着练习的进行，你的正确率越来越高，离大餐的奖励也越来越近，最终，你考了满分，如愿以偿地吃到了大餐。

回想这个过程，你先通过老师的教导学习了基础知识，这可以看成是一个有监督学习，而之后，你通过不断自学，不断自我调整，自我纠错，最后获得奖励，这就是一个强化学习过程。

强化学习在游戏 AI 中用途极为广泛，但在 Deepmind 等的带领下，强化学习逐渐与深度学习融合，开始以全新的方式解决问题。

1. 强化学习介绍

强化学习主要结合马尔科夫决策过程理论（Markov Decision Process，简称 MDP）来构建强化学习，其中，有一个环境（Environment）和一个用户（Agent）。用户不断观察环境，并针对观察到的现象执行一些动作（Action），之后环境可能发生变化，用户可以观察到环境的新状态，并获得一个回报（Reward），即用户执行动作后环境提供给用户一个回报，可以为正回报，也可以为负回报，如图 9.1 所示。

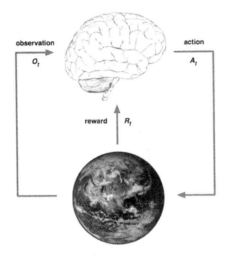

图 9.1

马尔科夫决策过程（MDP）基于马尔科夫过程，通常一个强化学习模型含有一个完整的马尔科夫决策过程，而 MDP 主要由<S, A, P, R, gamma>这五个参数决定，其中 S 是状态集合，用来描述环境当前状态，同时也是用户观察到的状态；A 是一个动作合集；action P 是状态转移矩阵，即从 $S1$ 状态跳转到 $S2$ 状态的概率；R 是 Reward 函数，用来返回某状态下进行某动作后的回报。利用这五个参数便可以确定一个 MDP。

其间，我们会关注两个值函数。一个是动作值函数（Action-Value Function），即进行某次动作后获得到的收益；另一个是状态值函数（State-Value Function），即某状态对应的收益。

我们研究的目标就是这两个值函数，通常，最大收益对应着最优决策，因此，最优决策会同时最大化 Action-Value Function 和 State-Value Function。

那么机器是如何使用 MDP 来达到最优决策的呢？如果深入学习马尔科夫决策过程，会发现这个随机过程无法通过计算直接找到最优的决策方式，也无法直接通过计算得到最大收益。

既然无法直接计算，那么应该可以通过模拟或者迭代的方式，解决强化学习最优策略和最优收益，通过值迭代和策略迭代的方式来逐渐逼近结果。对此，提出了一些有效的方法：

（1）MC 蒙特卡洛模拟。

（2）Temporal Difference 时间差分方法。

（3）Q learning 方法。

（4）Sarsa 方法。

通过迭代的方式，不断模拟 MDP 过程，不断更新最大收益，最终得到最优策略。

到这里，我们还是没有谈到深度学习和强化学习是如何结合的，可能你会觉得一直在讲马尔科夫决策过程，和我们的 DNN 或者 CNN 没有任何关系。的确，MDP 更偏向于数学理论，下面将介绍 DNN 如何与 MDP 结合构建深度强化学习。

Deepmind 在 2013 年的论文 *Playing Atari with Deep Reinforcement Learning* 里将深度学习引进强化学习，利用深度神经网络来近似拟合值函数，使用 Q-learning 的迭代方式寻找最大收益，同时，利用梯度下降算法优化神经网络参数。这个模型（Deep Q Learning）在电脑游戏中效果极好，短时间内即可训练出来并超过人类。

DQN 算法的确威力很大，很多人将算法移植到了其他游戏内，即使不同的游戏，DQN 算法依然能够学习到最优策略，并破解游戏。

DQN 算法如下。

Algorithm 1 Deep Q-learning with Experience Replay

Initialize replay memory $\mathcal{D}$ to capacity N
Initialize action-value function Q with random weights
for episode $= 1, M$ **do**
    Initialise sequence $s_1 = \{x_1\}$ and preprocessed sequenced $\phi_1 = \phi(s_1)$
    for $t = 1, T$ **do**
        With probability ϵ select a random action a_t
        otherwise select $a_t = \max_a Q^*(\phi(s_t), a; \theta)$
        Execute action a_t in emulator and observe reward r_t and image x_{t+1}
        Set $s_{t+1} = s_t, a_t, x_{t+1}$ and preprocess $\phi_{t+1} = \phi(s_{t+1})$
        Store transition $(\phi_t, a_t, r_t, \phi_{t+1})$ in $\mathcal{D}$
        Sample random minibatch of transitions $(\phi_j, a_j, r_j, \phi_{j+1})$ from $\mathcal{D}$
        Set $y_j = \begin{cases} r_j & \text{for terminal } \phi_{j+1} \\ r_j + \gamma \max_{a'} Q(\phi_{j+1}, a'; \theta) & \text{for non-terminal } \phi_{j+1} \end{cases}$
        Perform a gradient descent step on $(y_j - Q(\phi_j, a_j; \theta))^2$ according to equation 3
    end for
end for

深度强化学习已经在游戏中得到了广泛的运用，但对于强化学习和深度学习应用来说，最成功的一个例子还要属 AlphaGo。

2. AlphaGo

棋类 AI 一直是人们研究的一个热点，早在 1997 年，IBM 研发的深蓝超级计算机就首次在国际象棋比赛中战胜人类顶尖选手卡斯帕罗夫。相比于国际象棋，围棋每一步的落子点更多，如果使用纯暴力搜索，其计算时间开销将无法估量，因此，计算机程序如果想在围棋比赛中战胜人类，仅有计算能力是远远不够的。2016 年，**AlphaGo** 与韩国顶尖围棋棋手李世乭一决高低，最后 AlphaGo 以 4:1 的成绩打败人类职业九段棋手。

（图片来自 Deepmind）

2017 年 5 月，升级版 AlphaGo 再次与围棋界顶尖棋手柯洁展开角逐，AlphaGo 凭借其 self-play 和准确高速的计算成功战胜柯洁，成为世界第一。

AlphaGo 的出现让深度学习与人工智能进入人们的视野。AlphaGo 的成功与其深度学习模型密不可分，Google Deepmind 于 2016 年发表在 Nature 的论文中介绍了 AlphaGo 的原理：*Mastering the game of Go with deep neural networks and tree search*。

AlphaGo 依赖于神经网络和蒙特卡洛树搜索算法（Monte Carlo Tree Search，MCTS），主要由以下三部分组成。

（1）Policy Network（策略网络）

策略网络用来分析当前棋句并计算可能的落子点。AlphaGo 中的策略网络分为三类：① 有监督策略网络（Supervised Learning Policy Network），② 快速策略网络（Rollout Policy Network）、③ 强化学习策略网络（Reinforcement Learning Policy Network），如图 9.2 所示。

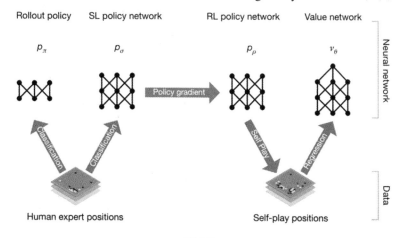

图 9.2

① 有监督策略网络：利用已有的围棋棋谱进行有监督训练。由于围棋可以看作一个 19×19 的矩阵，类似于二维图像，因此策略网络主要采用卷积神经网络实现，有监督策略网络有 13 层结构，利用 KGS（免费的围棋服务器）的样本进行训练，最终达到 57.0%的准确率。

② 快速策略网络：由于普通的策略网络十分复杂，运算时间很长，因此采用了一种类似于快速感知的模型——Rollout，即快速策略网络。快速策略网络准确率大大下降，但速度提升很大，训练后可以达到 24.2%的准确率，但每一步的时间达到了 2us，而有监督策略网络每一步的时间在 3ms 左右，速度提升了近 1500 倍。

③ 强化学习策略网络：在训练有监督策略网络之后，就需要开始利用强化学习来进一步提升策略网络的性能。强化学习策略网络和有监督学习策略网络有着相似的网络结构，同时，快速策略网络利用有监督策略网络训练得到的参数进行初始化。之后利用强化学习的方式来训练快速策略网络，利用快速策略网络实现围棋程序，准确率大大提高。

（2）Value Network （价值网络）

价值网络用于评估棋局状态获胜的概率。价值网络结构与策略网络结构相同，但是，价值网络输出的是结果预测值而不是概率分布，价值网络主要参与强化学习，如图 9.3 所示。

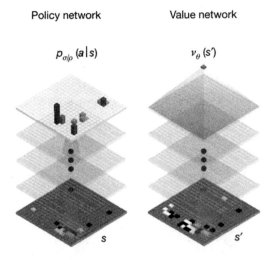

图9.3

通过快速策略网络预估下一步的落子点，利用价值网络进行评估，并反馈给策略网络，实现了自学习能力，价值网络可以计算全局的胜率。

（3）蒙特卡洛树搜索

蒙特卡洛树搜索可以看作整个模型的纽带，用于联系策略网络与价值网络并实现强化学习。

蒙特卡洛树搜索是一种常见的快速决策的启发式搜索算法，在游戏 AI 中运用较多，尤其是博弈类游戏。算法分为四个步骤，如图 9.4 所示。

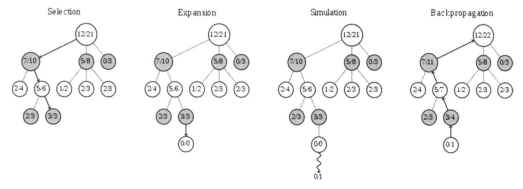

图 9.4

（1）Selection（选择）：从根节点 R 开始，利用递归方式逐步向下选择最优的树节点，直到叶节点 L。

（2）Expansion（扩展）：若游戏未结束，则 L 会创建一个或多个子节点，或从节点 C 中选择。

（3）Simulation（模拟）：在节点 C 中进行随机布局，直到游戏结束。

（4）Backpropagation（反向传播）：利用已有的布局结果进行节点信息更新。

AlphaGo 中将 MCTS 算法和策略网络与价值网络进行了有机结合，如图 9.5 所示。

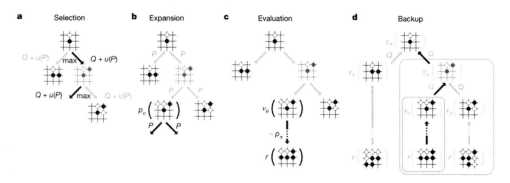

图 9.5

MCTS 用于寻找下棋动作，整个训练过程目标实现值 Q 最大化，树的每条边存储了值 Q、访问次数以及获胜的先验概率。

AlphaGo 的博弈过程如下。

（1）在已经训练（Supervised Learning）的基础上，预测接下来的 L 步落子点。

（2）对 L 步预测进行评估，使用快速感知 Rollout 和全局分析进行评估。

（3）将评估结果作为下一步落子的估值。

（4）利用估值进行模拟，不断迭代，优化每一步的估值。

多次迭代后，最终选择最优的落子点。

对于 AlphaGo 的训练，采用了单机版和分布式版本两种。当然，由于硬件基础不同，因此两个版本存在一定的差异，但总体表现已经超越部分顶尖围棋棋手和其他围棋 AI，如图 9.6 所示。

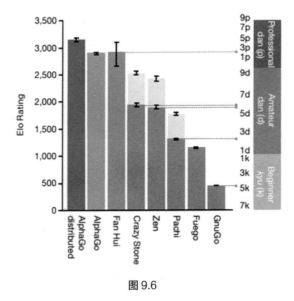

图 9.6

在 2016 年与李世乭的对决中，AlphaGo 搭建在 50 块 TPU（Tensor Process Unit）的分布式机器上，以 4:1 的成绩战胜李世乭。

在 2017 年对决世界围棋第一选手柯洁时，AlphaGo 运行在单块 TPU 上，其性能与准确率较李世乭当时的版本以及 Master 版本有了大幅提升，最终 AlphaGo 打败柯洁，总排名居世界第一。

3. 计算机视觉中的强化学习

早期，强化学习更多的适用于游戏 AI 和一些控制系统，若将强化学习的思想运用到识别问题或者检测问题中，是否会有一些突破性的效果呢？答案是肯定的，Deepmind 曾将强化学习的方法引入到了图像识别中，利用强化学习识别 MNIST 手写数字（Recurrent Models of Visual Attention），以及多个数字的识别问题。

在图 9.7 这个识别模型中，agent 是一个 Glimpse Sensor，每一时刻，Sensor 可以观察 location 周围的环境，通过神经网络提取图像信息 g_t，然后结合之前的状态 h_{t-1} 得到新的状态 h_t，此时，根据新状态选择 Glimpse Sensor 下一时刻需要执行的动作和观察的位置 l_t，每当执行完一个动作后，Sensor 都会获得一个新的图像输入（环境状态），并且得到相应的 Reward。结合深度学习的训练方式，多次迭代后，Glimpse Sensor 便能够自主地学会识别数字。

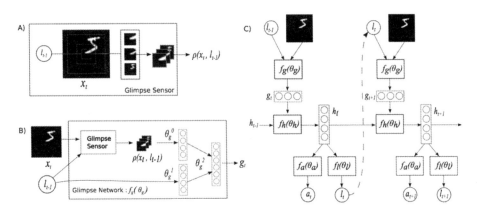

图 9.7

论文地址：https://papers.nips.cc/paper/5542-recurrent-models-of-visual-attention.pdf。

深度强化学习（Deep Reinforcement Learning）在未来具有很大的潜力。Yann LeCun、Yoshua Bengio 以及 Geoffrey Hinton 在 Nature 的 *Deep Learning* 一文中谈到了强化学习的未来：

"We expect much of the future progress in vision to come from systems that are trained end-to- end and combine ConvNets with RNNs that use reinforcement learning to decide where to look. Systems combining deep learning and rein- forcement learning are in their infancy, but they already outperform passive vision systems at classification tasks and produce impressive results in learning to play many different video games."

如果能够运用到普通的深度学习任务中，将有可能发生革命性的突破。

参考文献

[1] David Silver. Mastering the Game of Go with Deep Neural Networks and Tree Search

[2] DeepMind. Playing Atari with Deep Reinforcement Learning

[3] DeepMind. Recurrent Models of Visual Attention

[4] Yann LeCun. Yoshua Bengio. Geoffrey Hinton. Deep Learning. Nature

[5] Monte Carlo Tree Search. Wikipedia. https://en.wikipedia.org/wiki/Monte_Carlo_tree_search

博文视点精品图书展台

专业典藏

移动开发

大数据 · 云计算 · 物联网

数据库

Web开发

程序设计

软件工程

办公精品

网络营销

反侵权盗版声明

电子工业出版社依法对本作品享有专有出版权。任何未经权利人书面许可，复制、销售或通过信息网络传播本作品的行为；歪曲、篡改、剽窃本作品的行为，均违反《中华人民共和国著作权法》，其行为人应承担相应的民事责任和行政责任，构成犯罪的，将被依法追究刑事责任。

为了维护市场秩序，保护权利人的合法权益，我社将依法查处和打击侵权盗版的单位和个人。欢迎社会各界人士积极举报侵权盗版行为，本社将奖励举报有功人员，并保证举报人的信息不被泄露。

举报电话：（010）88254396；（010）88258888

传　　真：（010）88254397

E－m a i l：dbqq@phei.com.cn

通信地址：北京市万寿路 173 信箱　电子工业出版社总编办公室

邮　　编：100036